U0379453

中等职业教育机电类专业规划教材

液气压传动

（含习题册）

第 2 版

戴宽强　主编

机械工业出版社

本教材是为适应"工学结合、校企合作"培养模式的要求，根据中国机械工业教育协会和全国职业培训教学工作指导委员会机电专业委员会组织制定的中等职业教育教学计划教学大纲编写的。本教材主要内容包括：液压传动概述、液压泵和液压缸、液压控制阀和液压系统辅助装置、液压系统基本回路、典型液压传动系统分析及液压设备常见故障排除、气压传动概述、气压传动元件、气压传动基本回路、典型气压传动系统及常见故障排除等。

本教材配有习题册和电子课件。

本教材可供中等职业技术学校、技工学校、职业高中使用。

图书在版编目（CIP）数据

液气压传动/戴宽强主编. —2 版 . —北京：机械工业出版社，2014.9
（2024.11重印）

中等职业教育机电类专业规划教材

ISBN 978-7-111-47683-2

Ⅰ.①液…　Ⅱ.①戴…　Ⅲ.①液压传动－中等专业学校－教材②气压传动－中等专业学校－教材　Ⅳ.①TH137②TH138

中国版本图书馆 CIP 数据核字（2014）第 187362 号

机械工业出版社（北京市百万庄大街22号　邮政编码100037）
策划编辑：邓振飞　责任编辑：邓振飞
版式设计：霍永明　责任校对：张　征
封面设计：马精明　责任印制：郜　敏
北京中科印刷有限公司印刷
2024 年 11 月第 2 版第 7 次印刷
184mm×260mm · 11.5 印张 · 268 千字
标准书号：ISBN 978-7-111-47683-2
定价：28.00 元

凡购本书，如有缺页、倒页、脱页，由本社发行部调换

电话服务　　　　　　　　　　网络服务
服务咨询热线：010 - 88379833　　机工官网：www.cmpbook.com
读者购书热线：010 - 88379649　　机工官博：weibo.com/cmp1952
　　　　　　　　　　　　　　　教育服务网：www.cmpedu.com
封面无防伪标均为盗版　　　　　金书网：www.golden - book.com

第2版前言

《液气压传动》出版以来得到了各中等职业学校的支持和好评。随着技术的进步和职业教育的发展，本教材中涉及的一些技术规范、标准已经过时，为更好地服务教学，我们决定对本教材进行修订，以充分反映教学的实际需要。

在修订过程中，贯彻了"简明、实用、够用"的原则，反映了新知识、新技术、新工艺和新方法，正确处理了理论知识与技能的关系。本次修订过程中充分继承了第1版的精华，并增加了配套习题册。第2版教材具有以下特色：

1. 先进性　本教材在修订过程中，主要是更新旧的技术规范、标准，并根据教学需要，删除过时和不符合目前授课要求的内容，适当增加、更新相关图表和习题，重在使学生掌握必需的专业知识和技能。

2. 实用性　在教材内容的处理上，注重实用，紧密结合生产实践，力求条理清晰，同时删除不必要的理论和推导，便于组织教学和自学。

本教材的价值在于兼顾了学生学习真本领与通过职业技能鉴定考试两种要求。本教材既可作为中等职业学校的教材，又可作为在职职工岗位培训和自学用书，也可作为技工学校机电类及相关专业教学的参考用书。

本教材的具体编写分工如下：绪论、第一章、第六章、第七章由韩楚真编写，第二章、第四章由戴宽强编写，第三章由黄丽梅编写，第五章由魏倩编写，第八章、第九章由李超容编写。全书由戴宽强主编，吕玉铬主审。

由于时间仓促和编者水平有限，书中难免存在缺点或错误，敬请读者批评指正。

编　者

第1版前言

《液气压传动》是中等职业学校机电类专业的技术基础课程之一。根据社会对机电专业人才的需要，结合我们的教学实践经验，按照中等职业教育教学改革的形势和任务，以"素质教育为基础，能力为本位"的教学指导思想，本着"促职业教育改革，助技能人才培养"的宗旨，我们特编写了本教材。在教材的编写过程中，贯彻了"简明、实用、够用"的原则，反映了新知识、新技术、新工艺和新方法，体现了科学性、实用性、代表性和先进性，正确处理了理论知识与技能的关系。同时，通过对原有教材进行评价，针对其不足在编写过程中进行了改进，以充分反映学校的实际需要。新教材的价值在于兼顾了学生学习真本事与达到职业技能鉴定考试两种要求。本教材具有以下特色：

1. 在每章节内容的编写体系上，一切从学习培养目标出发，在每章开始前提出了"教学目标、教学重点、教学难点"，每章最后归纳出"本章小结"，并附有"复习思考题"，便于学生掌握重点知识。

2. 在教材内容的处理上，以注重实用为主，拓宽知识面，紧密结合生产实践，由浅入深，依次介绍，力求条理清晰，删除不必要的理论和推导，便于教师组织教学和学生自学。

3. 本书既可作为中等职业学校的教材，又可作为在职职工岗位培训和自学用书，也可作为各级各类学校机电类及相关专业教学的参考用书，兼顾不同学员和不同地区，有很好的适应性。

本书的具体编写分工如下：绪论、第一章由蔡微波编写，第二章、第四章由戴宽强编写，第三章由徐琳编写，第五章由魏倩编写，第六、七、八、九章由李超容编写。全书由戴宽强主编，石琳审稿。

由于时间仓促和编者水平有限，书中难免存在缺点或错误，敬请读者批评指正。

编 者

目　　录

绪　　论

液压与气压传动是以流体（如液压油或压缩空气）为工作介质，利用流体的压力能进行能量传递和控制的一种传动形式。液压传动所采用的工作介质为液压油或其他合成液体，气压传动所采用的工作介质为压缩空气。

液压传动相对于机械传动来说是一门新学科，从 17 世纪中叶帕斯卡提出静压传动原理，18 世纪末英国制成第一台水压机算起，液压传动已有二三百年的历史，由于早期技术水平和生产需求的不足，液压传动技术没有得到普遍的应用。随着科学技术的不断发展，对传动技术的要求越来越高，液压传动技术自身也在不断发展，液压与气压传动技术在工业生产的各个部门均得到了广泛应用。例如：工程机械（挖掘机）、矿山机械、压力机械（压力机）和航空工业中大量采用液压传动，机床上的传动系统也普遍采用液压传动；而在电子工业、包装机械、印染机械、食品机械等方面对气压传动的应用比较普遍。

近年来，随着机电一体化技术的不断发展，液压与气压传动技术开始向更广阔的领域渗透。它已成为实现工业自动化的一种重要手段，而且具有更为广阔的发展前景。液压技术正向高压、高速、大功率、高效、低噪声、高性能、高度集成化、模块化、智能化的方向发展。同时，新型液压元件和液压系统的计算机辅助设计（CAD）、计算机辅助测试（CAT）、计算机直接控制（DDC）、计算机实时控制技术、机电一体化技术、计算机仿真和优化设计技术、可靠性技术，以及污染控制技术等方面也是当前液压传动及控制技术发展和研究的方向。当前气压传动（简称气动）技术发展更加迅速，随着工业的发展，应用领域已从汽车、采矿、钢铁、机械工业等行业迅速扩展到化工、轻工、食品、军事工业等各行各业，已发展成包含传动、控制与检测在内的自动化技术。由于工业自动化技术的发展，气动控制技术以提高系统可靠性、降低总成本为目标，研究和开发系统控制技术和机、电、液、气综合技术。气动元件当前发展的特点和研究方向主要是节能化、小型化、轻量化、位置化控制的高精度化，以及与电子学相结合的综合控制技术。

对于从事机械加工、机械维修以及机械操作的技术工人来说，了解和掌握基本的液压与气压传动技术，具备一定的理论知识和操作技能，在工作中能对机械设备进行调试、维护和检修，就是我们学习这门课程的目的。

"液气压传动"是一门重要的专业基础课，本书的主要内容有：

（1）液压与气压传动的基本知识　主要讲述液压与气压传动的基本工作原理、系统的基本组成，流量、压力、功率的有关计算等基础知识，以及对液压油的要求及选用等。

（2）液压与气压传动元件　讲述常用液压与气压传动元件的功能、作用、特点以及使用场合。

（3）液压与气压传动系统的基本回路　通过对液压与气压传动系统中的基本回路进行分析，熟悉和掌握基本回路的结构组成、工作原理和功能，为设计和使用液压与气压传动系统和分析系统故障奠定必要的基础。

（4）液压与气压传动应用举例　通过实例分别介绍液压与气压系统的具体应用，加深理解各种元件在系统中的功用和各种基本回路的合理组成，进而学会阅读和分析液压与气压系统的方法和步骤。

（5）液压与气压设备常见故障及其排除方法　介绍液压与气压设备常见故障以及故障的分析和排除方法。

学习过程中，除了要掌握基本的概念、基础理论和基本计算方法，以及基本回路的分析外，还应注意理论与实践相结合，注重实习、实验等环节。通过到生产现场实习，进一步加深对基本理论的理解，逐步培养灵活运用所学知识去分析和解决问题的能力。要求学习后掌握液压传动中常用液压与气压传动元件的原理与结构，液压与气压传动系统的基本构成、基本原理，液压与气压传动系统常见回路的分析方法；能读懂常见的液压与气压传动系统图，并能对故障进行分析。

上篇　液 压 传 动

第一章　液压传动概述

教学目标　1. 掌握液压传动的基本原理及液压系统的组成。
　　　　　　2. 掌握静压传动原理和连续性原理。
　　　　　　3. 了解液压油的种类和性质并能正确选择液压油。
　　　　　　4. 了解压力损失和流量损失对液压系统的影响。
　　　　　　5. 了解冲击现象和气穴原理以及它们的危害及预防措施。
教学重点　1. 液压传动系统的工作原理。
　　　　　　2. 静压传动原理和连续性原理。
　　　　　　3. 压力、流量和流速的计算。
教学难点　静压传动原理和连续性原理。

第一节　液压传动原理及其系统组成

液压传动是以液体（通常是液压油）作为工作介质，利用液体压力来传递动力和进行控制的一种传动方式。它通过液压泵，将电动机的机械能转换为压力能，又通过管路、控制阀等元件，经执行元件（如液压缸或液压马达）将液体的压力能转换成机械能，以驱动负载。

一、液压传动原理

图 1-1 为液压千斤顶的工作原理图。液压千斤顶主要由手动柱塞液压泵（杠杆 1、泵体 2、活塞 3）和液压缸（活塞 11、缸体 12）两大部分构成。大、小活塞与缸体、泵体的接触面之间具有良好的配合，既能保证活塞顺利移动，又能形成可靠的密封。液压千斤顶的工作过程如下：

工作时，关闭放油阀 8，作用力 F 向上提起杠杆 1，活塞 3 被带动上移，见图 1-1b，泵体油腔 4 的工作容积逐渐增大，由于单向阀 7 受油腔 10 中油液的作用力而关闭，油腔 4 形成真空，油箱 6 中的油液在大气压力的作用下，推开单向阀 5 的钢球，进入并充满油腔 4。作用力向下压杠杆 1，活塞 3 被带动下移，见图 1-1c，泵体油腔 4 的工作容积减小，其内的油液在外力的挤压作用下压力增大，迫使单向阀 5 关闭，而单向阀 7 的钢球被推开，油液经油管 9 进入缸体油腔 10，缸体油腔的工作容积增大，推动活塞 11 连同重物 G 一起上升。反复提、压杠杆，就能不断地从油箱吸入油液并压入缸体油腔 10，使活塞 11 和重物不断上升，从而达到起重的作用。提、压杠杆的速度越快，单位时间内压入缸体油腔 10 的油液越多，重物上升的速度越快；重物越重，下压杠杆所需的力就越大。停止提、压杠杆，单向阀7 被关闭，缸体油腔中的油液被封闭，此时，重物保持在某一位置不动。

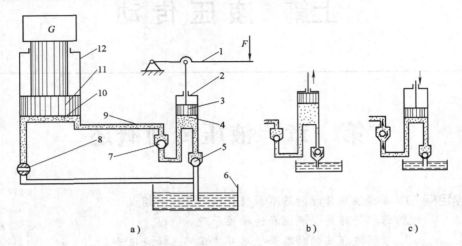

图 1-1   液压千斤顶的工作原理

a）工作原理图 b）泵的吸油过程 c）泵的压油过程

1—杠杆 2—泵体 3、11—活塞 4、10—油腔 5、7—单向阀

6—油箱 8—放油阀 9—油管 12—缸体

如果将放油阀8 旋转90°，缸体油腔直接连通油箱，油腔10 中的油液在重物的作用下流回油箱，活塞11 下降并回复到原位。

从上面这个简单的例子可以看出，液压传动的工作原理是：液压传动是以液体作为工作介质，通过密封容积的变化来传递运动；通过液体的内部压力能来传递动力。

二、液压传动系统的组成

液压传动系统除工作介质油液外，一般由以下四个部分组成：

（1）动力部分   将机械能转换为油液压力能（液压能）的装置。能量转换元件为液压泵，在液压千斤顶中为手动柱塞泵。

（2）执行部分   将油液的液压能转换成机械能的装置。执行元件有液压缸和液压马达，在液压千斤顶中为液压缸。

（3）控制部分   用来控制和调节油液的压力、流量和流动方向。控制元件有各种压力控制阀、流量控制阀和方向控制阀等，在液压千斤顶中为放油阀、单向阀。

（4）辅助部分   将前面三部分连接在一起，组成一个系统，起储油、过滤、测量和密封等作用，保证系统正常工作。辅助元件有管路和接头、油箱、过滤器、蓄能器、密封件和控制仪表等，在液压千斤顶中为油管、油箱。

图 1-2a 所示为一简化了的机床工作台液压传动系统。其动力部分为液压泵3；执行部分为双活塞杆液压缸6；控制部分有人力控制（手动）三位四通换向阀7、节流阀8、溢流阀9；辅助部分包括油箱1、过滤器2、压力表4 和管路等。

液压泵由电动机驱动进行工作，油箱中的油液经过过滤器被吸入液压泵，并经液压泵向系统输出。油液经节流阀、换向阀的 P→A 通道（换向阀的阀芯在图 1-2a 的左边位置）进入液压缸的右腔，推动活塞连同工作台5 向左运动，液压缸左腔的油液则经换向阀的 B→T 通道流回油箱。改变节流阀开口的大小以调节油液的流量，从而调节液压缸连同工作台的运

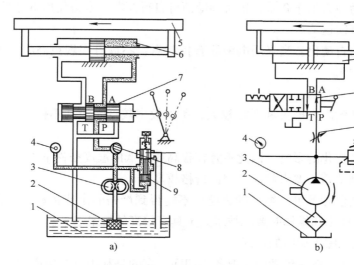

图 1-2　往复运动工作台液压传动系统
1—油箱　2—过滤器　3—液压泵　4—压力表　5—工作台
6—液压缸　7—换向阀　8—节流阀　9—溢流阀

动速度。由于节流阀开口较小，在开口前后油液存在压力差，当系统压力达到某一数值时，溢流阀被打开，使系统中多余的油液经溢流阀开口流回油箱。当换向阀的阀芯移至右边位置时，来自液压泵的液压油液经换向阀的 P→B 通道进入液压缸的左腔，推动活塞连同工作台向右运动，液压缸右腔的油液则经换向阀的 A→T 通道流回油箱。

当换向阀的阀芯处于中间位置时，换向阀的进、回油口全被堵死，使液压缸两液腔既不进油也不回油，活塞停止运动。此时，液压泵输出的压力油液全部经过溢流阀流回油箱，即在液压泵继续工作的情况下，也可以使工作台停止在任意位置。

三、液压元件的图形符号

图 1-1 和图 1-2a 所示的液压千斤顶和机床工作台液压系统结构原理图具有直观性强、容易理解的特点，但绘制较复杂，特别是系统中元件较多时，绘制更为困难。如果采用图形符号来代表各液压元件，绘制液压系统原理图更方便且清晰。图 1-2b 就是用图形符号绘制的机床工作台液压系统图。图中的图形符号只表示元件的功能、操作（控制）方法及外部连接口，不表示元件的具体结构和参数，以及连接口的实际位置和元件的安装位置。GB/T786.1—2009《流体传动系统及元件图形符号和回路图　第 1 部分：用于常规用途和数据处理的图形符号》对液压及气动元（辅）件的图形符号作了具体规定。常用液压元件及液压系统其他有关装置或元件的图形符号见附录。

四、液压传动的优缺点

1）与机械传动、电气传动相比，液压传动具有以下优点：

① 液压传动的各种元件可根据需要方便、灵活地布置。

② 质量轻、体积小、运动惯性小、反应速度快。

③ 液压元件操纵控制方便，可实现大范围的无级调速（调速范围达 2000∶1）。

④ 出现故障时，可自动实现过载保护。

⑤ 一般采用矿物油为工作介质，相对运动面可自行润滑，设备使用寿命长。

⑥ 很容易实现直线运动。

⑦ 易实现机器的自动化。当采用电液联合控制后，不仅可实现更高程度的自动控制过程，而且可以实现遥控。

2）液压传动的主要缺点：

① 由于液体流动的阻力损失和泄漏较大，所以效率较低。泄漏不仅污染场地，而且还可能引起火灾事故。

② 性能易受温度变化的影响，因此不宜在很高或很低的温度条件下工作。

③ 液压元件的制造精度要求较高，因而价格较高。

④ 受液体介质的泄漏及可压缩性的影响，不能得到严格的定比传动。液压传动出现故障时不易找出原因，使用和维修时要求技术人员具有较高的技术水平。

五、液压传动在机械工业中的应用

机械工业各部门使用液压传动的所取各不相同，有的是利用它在传递动力上的长处，如工程机械、压力机械和航空工业采用液压传动的主要原因是取其结构简单、体积小、质量轻、输出功率大；有的是利用它在操纵控制上的优点，如机床上采用液压传动是取其能在工作过程中实现无级变速、易于实现频繁的换向、易于实现自动化等。此外，不同精度要求的机床也会选用不同控制形式的液压传动装置。通常机床上常用于：

（1）主运动和进给运动传动装置　磨床砂轮架和工作台的进给运动大部分采用液压传动；车床、转塔车床、自动车床的刀架或转塔刀架，铣床、刨床、组合机床的工作台等的进给运动也都采用液压传动，从而可实现快、慢速移动、间歇移动和无级调速。

（2）仿形装置　车床、铣床、刨床上的仿形加工可以采用液压伺服系统来完成，其精度可达 0.01 ~ 0.02mm。

（3）辅助装置　机床上的辅助装置包括夹紧装置、齿轮箱变速操纵装置、丝杠螺母间隙消除装置、垂直移动部件平衡装置、分度装置、工件和刀具装卸装置、工件输送装置等，这些装置采用液压传动后，有利于简化机床结构，提高机床自动化程度。

（4）静压支承　重型机床、高速机床、高精度机床的轴承、导轨、丝杠螺母机构等处采用液压静压支承后，可以提高工作平稳性和运动精度。

第二节　液压油的物理性质及选用

液压传动系统的工作介质是液体，最常用的是液压油。在液压技术不断发展、各种系统对液压介质的要求越来越多的情况下，了解液压介质的性质，并知道如何正确选用液压油就显得尤为重要。

一、液压油的物理性质

（1）可压缩性　液体受压力作用而发生体积减小的性质称为液体的可压缩性。一般情况下，油液的可压缩性可以忽略不计，但在精确计算时，尤其在考虑系统的动态过程时，油液的可压缩性是一个很重要的影响因素。液压传动用油的可压缩性比钢的可压缩性约大 100 ~ 150 倍。当油液中混入空气时，其可压缩性将显著增加，使液压系统产生噪声，降低系统的传动刚性和工作可靠性。

（2）粘性　液体在外力作用下流动时，液体分子间的内聚力要阻止分子相对运动而产生一种内摩擦力，这种现象叫做液体的粘性。表示粘性大小程度的物理量称为粘度。

液体的粘度随液体的压力和温度的变化而改变，对液压油来说，压力增大时，粘度也会增大，但在一般液压系统使用的压力范围内，增大的数值很小，可以忽略不计。液压油粘度对温度的变化十分敏感，温度升高，粘度会下降。

液压传动工作介质除具有可压缩性和粘性外，还具有其他性质，如稳定性（热稳定性、氧化稳定性、水解稳定性、剪切稳定性等）、抗泡沫性、抗乳化性、防锈性、润滑性，以及相容性（对所接触的金属、密封材料、涂料等作用程度）等，它们对工作介质的选择和使用都有一定的影响。这些性质需要在精炼的矿物油中加入各种添加剂来获得。

二、液压油的选择和使用

1. 对液压油的要求

不同的工作机械、不同的使用情况对液压油的要求有很大的不同；为了保证有效地传递运动和动力，液压油应具备如下性能：

1）合适的粘度，较好的粘温特性。

2）润滑性能良好。

3）质地纯净，杂质少。

4）对金属和密封件有良好的相容性。

5）对热、氧化、水解和剪切都有良好的稳定性。

6）抗泡沫性好，抗乳化性好，腐蚀性小，防锈性好。

7）体膨胀系数小，比热容大。

8）流动点和凝固点低，闪点（明火能使油面上油蒸气闪燃，但油本身不燃烧时的温度）和燃点高。

9）对人体无害，成本低。

对轧钢机、压铸机、挤压机和飞机等的液压系统来说，液压油还应满足耐高温、热稳定性强、无腐蚀性、无毒、不挥发等要求。

2. 液压油的分类和选择

（1）分类　液压油种类很多，主要有矿油型、合成型、乳化型三类。矿油型液压油是以全损耗系统用油为原料，精炼后按需要加入适当添加剂而成。这类液压油润滑性能和防锈性能好，粘度等级范围宽。目前有90%以上的液压系统采用矿油型液压油作为工作介质，但其抗燃性较差。

在一些高温、易燃、易爆的工作场合，为了安全起见，应该在系统中使用合成型和乳化型液压油。其中，合成型液压油主要有水-乙二醇液、磷酸酯液和硅油等；乳化型液压油分为水包油乳化液（L-HFA）和油包水乳化液（L-HFB）两大类。液压油的品种以其代号和后面的数字组成，代号为L是石油产品的总分类号，H表示液压系统用的工作介质，数字表示该工作介质的粘度等级。

（2）液压油的选用原则　选择液压油一般需考虑以下几点：

1）液压系统的工作条件。

2）液压系统的工作环境。

3）综合经济分析。

表1-1为液压油的主要品种及其特性和用途。

表1-1　液压油的主要品种及其特性和用途

分类	名称	ISO代号	主　要　用　途
矿油型	普通液压油	L-HL	适用于7~14MPa的液压系统及精密机床液压系统（环境温度为0℃以上）
	抗磨液压油	L-HM	适用于低、中、高压液压系统，特别适用于有防磨要求并带叶片泵的液压系统
	低温液压油	L-HV	适用于-25℃以上的高压、高速工程机械、农业机械和车辆的液压系统（加降凝剂等，可在-40~-20℃下工作）
	高粘度指数液压油	L-HR	用于数控精密机床的液压系统和伺服系统
	液压导轨油	L-HG	适用于导轨和液压系统共用一种油品的机床，对导轨有良好的润滑性和防爬性
	全损耗系统用油	L-HH	浅度精制矿油，抗氧化性、抗泡沫性较差。主要用于机械润滑，可做液压代用油，用于要求不高的低压系统
	汽轮机油	L-TSA	浅度精制矿油加添加剂，改善抗氧化、抗泡沫等性能。为汽轮机专用油，可做液压代用油，用于要求不高的低压系统
	其他液压油	—	加入多种添加剂，用于高品质的液压系统
乳化型	水包油乳化液	L-HFA	又称高水基液，特点是难燃、温度特性好，有一定的防锈能力，润滑性差，易泄漏，适用于有抗燃要求、油液用量大且泄漏严重的系统
	油包水乳化液	L-HFB	既具有矿油型液压油的抗磨、防锈性能，又具有抗燃性，适用于有抗燃要求的中低压系统
合成型	水-乙二醇液	L-HFC	难燃、粘温特性和抗蚀性好，能在-60~-30℃温度下使用，适用于有抗燃要求的中低压系统
	磷酸酯液	L-HFDR	难燃，润滑抗磨性能和抗氧化性能良好，能在-54~135℃温度范围内使用；缺点是有毒，适用于有抗燃要求的高压精密液压系统

3. 液压系统的污染

工作介质被污染是液压系统发生故障的主要原因。它将严重影响液压系统的可靠性及液压元件的寿命，因此工作介质的正确使用、管理及污染控制，是提高液压系统的可靠性及延长液压元件使用寿命的重要手段。

（1）污染的根源　进入工作介质的固体污染物有四个根源：已被污染的新油、残留污染、侵入污染和内部生成污染。

（2）污染的危害　液压系统故障75%以上是由工作介质污染物造成的。

（3）污染的测定　污染度测量方法有测重法和颗粒计数法两种。

（4）污染度的等级　我国制定的国家标准GB/T 14039—2002《液压传动　油液固体颗粒污染等级代号》和目前仍被采用的美国NAS1638油液污染等级。

4. 污染控制措施

1）在正式运转前应先对元件和系统进行清洗。

2）防止污染物从外界侵入。

3）在液压系统合适部位设置合适的过滤器。

4）控制工作介质的温度。温度过高会加速工作介质氧化变质，产生各种生成物，缩短它的使用寿命。

5）定期检查和更换工作介质。定期对液压系统的工作介质进行抽样检查，分析其污染度，如已不合要求，必须立即更换。更换新介质前，须彻底清洗一遍整个液压系统。

第三节　液压传动系统的压力和流量

一、液压系统中压力的形成及传递

1. 压力的形成

油液的压力是由油液的自重和油液受到外力作用所产生的。在液压传动中，与油液受到的外力相比，油液的自重一般很小，可忽略不计。以后所说的油液压力主要是指因油液表面受外力（不计入大气压力）作用所产生的压力，即相对压力或表压力。

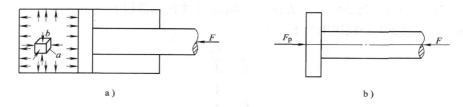

图 1-3　油液压力的形成

如图 1-3a 所示，油液充满于密闭的液压缸左腔，当活塞受到向左的外力 F 作用时，液压缸左腔内的油液（被视为不可压缩）受活塞的作用，处于被挤压状态，同时，油液对活塞有一个反作用力 F_p 而使活塞处于平衡状态。不考虑活塞的自重，则活塞平衡时的受力情形如图 1-3b 所示。

2. 压力的概念

油液单位面积上承受的作用力称为压强，在工程上习惯称为压力，用符号 p 表示，即

$$p = \frac{F}{A} \tag{1-1}$$

式中　p——油液的压力（Pa）；

F——作用在油液表面的外力（N）；

A——油液表面的承压面积，即活塞的有效作用面积（m^2）。

压力的国际计量单位是 Pa（帕，N/m^2），还有非国际计量单位，如工程大气压为 at（kgf/cm^2）、液柱高（mmHg、mH_2O）等。各种单位之间的换算关系如下：

1Pa（帕）＝$1N/m^2$

1at（工程大气压）＝$1\ kgf/cm^2$＝$9.8 \times 10^4\ N/m^2$

$1mH_2O$（米水柱）＝$9.8 \times 10^3\ N/m^2$

1mmHg（毫米汞柱）＝$1.33 \times 10^2\ N/m^2$

液压传动的压力分级见表1-2。

表1-2 液压传动的压力分级 （单位：MPa）

压力分级	低压	中压	中高压	高压	超高压
压力范围	≤2.5	>2.5 ~ 8.0	>8.0 ~ 16.0	>16.0 ~ 32.0	>32.0

3. 静止油液的压力特性

1）静止油液在任意一点所受到的各方向的压力都相等，该压力称为静压力。

2）油液静压力的作用方向垂直指向承压表面，如图1-3a所示。

3）静压传递原理：密闭容器内静止油液中任意一点的压力如有变化，其压力的变化值将被等值地传递给油液各点。也称为帕斯卡定理。

液压千斤顶就是利用静压传递原理传递动力的。如图1-4所示，当柱塞泵活塞1受到外力 F_1 作用（液压千斤顶压油）时，柱塞泵油腔5中油液产生的压力为

$$p_1 = \frac{F_1}{A_1}$$

此压力通过油液传递到液压缸油腔3，即油腔3中的油液以 p_2（$p_2 = p_1$）垂直作用于液压缸活塞2，活塞2上受到作用力 F_2，且有

$$\frac{F_1}{A_1} = \frac{F_2}{A_2} \tag{1-2}$$

$$\frac{F_1}{F_2} = \frac{A_1}{A_2} \tag{1-3}$$

式中　F_1——作用在活塞1上的力（N）；

　　　F_2——作用在活塞2上的力（N）；

　　A_1、A_2——活塞1、2的有效作用面积（m²）。

上式表明，活塞2上所受液压作用力 F_2 与活塞2的有效作用面积 A_2 成正比。如果 A_2 远大于 A_1，则只要在柱塞泵活塞1上作用一个很小的力 F_1，便能获得很大的力 F_2，用以推动重物。这就是液压千斤顶在人力作用下能顶起很重物体的道理。

例1-1　如图1-4所示，已知柱塞泵活塞1的面积 $A_1 = 1.13 \times 10^{-4}\text{m}^2$，液压缸活塞2的面积 $A_2 = 9.62 \times 10^{-4}\text{m}^2$，作用在活塞1上的力 $F_1 = 5.78 \times 10^3\text{N}$。试问柱塞泵油腔5内的油液压力 p_1 为多大？液压缸能顶起多重的重物？

解：1）油腔5内油液的压力

$$p_1 = \frac{F_1}{A_1} = \frac{5.78 \times 10^3}{1.13 \times 10^{-4}}\text{Pa} = 5.115 \times 10^7\text{Pa} = 51.15\text{MPa}$$

2）活塞2向上的推力即作用在活塞2上的液压作用力

$$F_2 = p_1 A_2 = 5.115 \times 10^7 \times 9.62 \times 10^{-4}\text{N} = 4.92 \times 10^4\text{N}$$

3）能顶起重物的重量

$$G = F_2 = 4.92 \times 10^4\text{N}$$

4. 液压传动系统中压力的建立

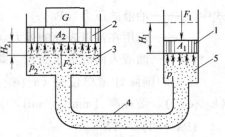

图1-4　液压千斤顶的压油过程

1—柱塞泵活塞　2—液压缸活塞　3—液压缸油腔　4—管路　5—柱塞泵油腔

密闭容器内静止油液受到外力挤压而产生压力（静压力），对于采用液压泵连续供油的液压传动系统，流动油液在某处的压力也是因为受到其后各种形式负载（如工作阻力、摩擦力、弹簧力等）的挤压而产生的。除静压力外，由于油液流动还有动压力，但在一般液压传动系统中，油液的动压力很小，可忽略不计。因此，液压传动系统中流动油液的压力，主要考虑静压力。下面就图 1-5 所示液压传动系统中压力的建立进行分析。

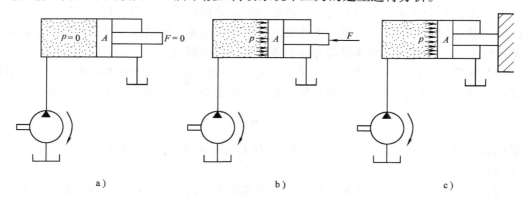

图 1-5 液压传动系统中压力的形成

a）负载阻力为零 b）外界负载为 F c）外界负载为挡铁

在图 1-5a 中，假定负载阻力为零（不考虑油液的自重、活塞的质量、摩擦力等因素），由液压泵输入液压缸左腔的油液不受任何阻挡就能推动活塞向右运动，此时，油液的压力为零（$p=0$）。活塞的运动是由于液压缸左腔内的油液体积增大而引起的。

图 1-5b 中，输入液压缸左腔的油液由于受到外界负载 F 的阻挡，不能立即推动活塞向右运动，而液压泵总是连续不断地供油，使液压缸左腔中的油液受到挤压，油液的压力从零开始由小到大迅速升高，作用在活塞有效作用面积 A 上的液压作用力（pA）也迅速增大，当液压作用力足以克服外界负载 F 时，液压泵输出的油液迫使液压缸左腔的密封容积增大，从而推动活塞向右运动。在一般情况下，活塞作匀速运动时，作用在活塞上的力相互平衡，即液压作用力等于负载阻力（$pA=F$）。因此，可知油液压力 $p=F/A$。若活塞在运动过程中负载 F 保持不变，则油液不会再受更大的挤压，压力就不会继续上升。也就是说液压传动系统中油液的压力取决于负载的大小，并随负载大小的变化而变化。

图 1-5c 表示向右运动的活塞接触固定挡铁后，液压缸左腔的密封容积因活塞运动受阻止而不能继续增大。此时，若液压泵仍继续供油，油液压力会急剧升高，如果液压传动系统没有保护措施，则系统中薄弱的环节将损坏。

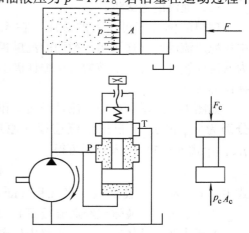

如图 1-6 所示，在液压泵出口处有两个负载并联。其中负载阻力 F_c 是溢流阀的弹簧力，另一负载阻力是作用在液压缸活塞（杆）上的力 F。负载阻力 F 较小时，液压系统中的压力 p 不足以

图 1-6 液压传动系统中负载的并联

克服 F_c，溢流阀阀芯在弹簧力 F_c 的作用下，处于阀的最下端位置，将阀的进油口 P 和出油口 T 的通路切断。但如负载阻力增大到使液压系统达到 p_c 时，作用于溢流阀阀芯底部的液压作用力 $p_c A_c$（A_c 为阀芯底部有效作用面积）将克服弹簧力 F_c 使阀芯上移，这时进油口 P 与出油中 T 连通，液压泵输出的油液由此通路流回油箱。液压泵出口处的压力为 p_c。

二、流量和平均流速

液压传动是依靠密封容积的变化，迫使油液流动来传递运动的。为此，需要了解有关油液流动的基本概念和规律。流量和平均流速是描述油液流动时的两个主要参数。液体在管道中流动时，通常将垂直于液体流动方向的截面称为通流截面。

（1）流量　单位时间内流过管路或液压缸某一通流截面的油液体积称为流量，用符号 q_V 表示。若在时间 t 内流过管路或液压缸某一通流截面的油液体积为 V，则油液的流量

$$q_V = \frac{V}{t} \tag{1-4}$$

流量的单位为 m^3/s（米³/秒），常用单位为 L/min（升/分），换算关系为 $1m^3/s = 6 \times 10^4 L/min$。

（2）平均流速　由于液体都具有粘性，液体在管中流动时，在同一通流截面上各点的流速是不相同的，分布规律为抛物线，如图1-7所示。为了方便计算，因而引入一个平均流速的概念，即假设通流截面上各点的流速均匀分布。油液通过管路或液压缸的平均流速 v 可用下式计算

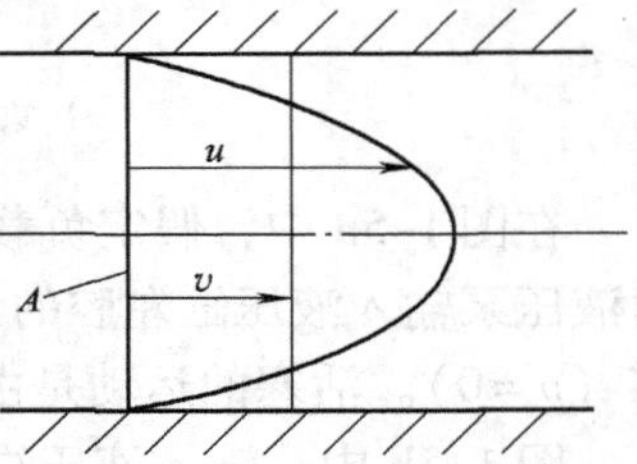

$$v = \frac{q_V}{A} \tag{1-5}$$

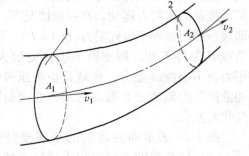

图 1-7　实际流速和平均流速

式中　v——油液通过管路或液压缸的平均流速（m/s）；

q_V——油液的流量（m^3/s）；

A——管路的通流截面的面积或液压缸（或活塞）的有效作用面积（m^2）。

液压缸工作时，活塞运动的速度就等于缸内液体的平均流速。

三、液流的连续性

理想液体（不可压缩的液体）在无分支管路中作稳定流动时，通过每一截面的流量相等，这称为液流连续性原理。油液的可压缩性极小，通常可视作理想液体。

如图1-8所示管路中，流过截面 1 和 2 的流量分别为 q_{V1} 和 q_{V2}，根据液流连续性原理，$q_{V1} = q_{V2}$，用式（1-5）代入，则可得

图 1-8　液流连续性原理

$$A_1 v_1 = A_2 v_2 \tag{1-6}$$

式中　A_1、A_2——截面 1、2 的面积（m^2）；

v_1、v_2——液体流经通流截面 1、2 时的平均流速（m/s）。

上式表明，液体在无分支管路中稳定流动时，流经管路不同通流截面时的平均流速与其截面面积大小成反比。管路通流截面面积小（管径细）的地方平均流速大，管路通流截面

积大（管径粗）的地方平均流速小。

例1-2 如图1-4所示，在液压千斤顶的压油过程中，已知柱塞泵活塞1的面积 $A_1 = 1.13 \times 10^{-4}\text{m}^2$，液压缸活塞2的面积 $A_2 = 9.62 \times 10^{-4}\text{m}^2$，管路4的通流截面积 $A_4 = 1.3 \times 10^{-5}\text{m}^2$。若活塞1的下压速度 v_1 为0.2m/s，试求活塞2的上升速度 v_2 和管路内油液的平均流速 v_4。

解：1）柱塞泵排出的流量

$$q_{V1} = A_1 v_1 = 1.13 \times 10^{-4}\text{m}^2 \times 0.2\text{m/s} = 2.26 \times 10^{-5}\text{m}^3/\text{s}$$

2）根据液流连续性原理，进入液压缸推动活塞2上升的流量 $q_{V2} = q_{V1}$，活塞2的上升速度

$$v_2 = \frac{q_{V2}}{A_2} = \frac{2.26 \times 10^{-5}\text{m}^3/\text{s}}{9.62 \times 10^{-4}\text{m}^2} = 0.0235\text{m/s}$$

3）同理，管路内的流量 $q_{V4} = q_{V1} = q_{V2}$，管路内油液的平均流速

$$v_4 = \frac{q_{V4}}{A_4} = \frac{2.26 \times 10^{-5}\text{m}^3/\text{s}}{1.3 \times 10^{-5}\text{m}^2} = 1.74\text{m/s}$$

第四节　液压传动的压力、流量损失和功率计算

一、液压传动的压力损失

1. 压力损失的形成

由于油液具有粘性，在油液流动时，油液的分子之间、油液与管壁之间的摩擦和碰撞会产生阻力，这种阻碍油液流动的阻力称为液阻。液压传动系统存在着液阻，油液流动时会引起能量损失，主要表现为压力损失。如图1-9所示，油液从A处流到B处，中间经过较长的直管路、弯曲管路、各种阀孔和管路截面的突变等，由于液阻的影响致使油液在A处的压力 p_A 与在B处的压力 p_B 不相等，显然 $p_A > p_B$，引起的压力差为 Δp，即 $\Delta p = p_A - p_B$。Δp 就称为这段管路中的压力损失。

2. 压力损失的分类

油液流动造成的压力损失包括沿程压力损失和局部压力损失。

（1）沿程压力损失　油液在直径不变的直通管道中流动时，由于管壁对油液的摩擦而产生的能量损失，这种压力损失称为沿程压力损失。它主要取决于液体的流速、粘度和管路的长度以及油管的内径，流速越快，粘度越大，管路越长，沿程压力损失越大；而管道内径越大，沿程压力损失越小。

（2）局部压力损失　油液流过管路弯曲部位、大小管的接头部位、管路截面积突变部位及阀口和网孔等局部障碍处时，由于液流速度的方向和大小发生变化而产生的压力损失称为局部压力损失。在液压传动系统中，由于各种液压元件的结构、形状、布局等原因，致使管路的形式比较复杂，因而局部压力损失是主要的压力损失。

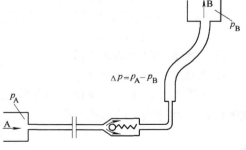

图1-9　油液的压力损失

油液流动产生的压力损失会造成功率浪费，系统温度升高，油液粘度下降，进而使泄漏增加，同时液压元件受热膨胀也会影响正常工作，甚至"卡死"。因此，必须采取措施尽量减少压力损失。一般情况下，只要油液粘度适当，管路内壁光滑，流速不太大，尽量缩短管路长度和减少管路的截面变化及弯曲，适当增大内径，就可以将压力损失控制在很小的范围内。

　　3. 压力损失的近似估算

　　影响压力损失的因素很多，精确计算较为复杂，通常采用近似估算的方法。液压泵最高工作压力的近似计算式为

$$p_{泵} = K_{压}\, p_{缸} \tag{1-7}$$

式中　$p_{泵}$——液压泵最高工作压力（Pa）；

　　　　$p_{缸}$——液压缸最高工作压力（Pa）；

　　　　$K_{压}$——系统的压力损失系数，一般 $K_{压} = 1.3 \sim 1.5$，系统复杂或管路较长时取大值，反之取小值。

二、液压传动的流量损失

1. 泄漏和流量损失

在液压系统正常工作的情况下，从液压元件的密封间隙漏出少量油液的现象称为泄漏。由于液压元件必然存在着一些间隙，当间隙的两端有压力差时，就会有油液从这些间隙中流过。所以，液压系统中泄漏现象总是存在的。

液压系统的泄漏包括内泄漏和外泄漏两种。液压元件内部高、低压腔间的泄漏称为内泄漏。液压系统内部的油液漏到系统外部的泄漏称为外泄漏。图1-10表示了液压缸的两种泄漏现象。

液压系统的泄漏必然引起流量损失，使液压泵输出的流量不能全部流入液压缸等执行元件。

2. 流量损失的估算

流量损失一般也采用近似估算的方法。液压泵输出流量的近似计算式为

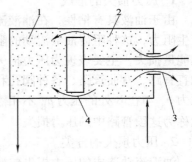

$$q_{V泵} = K_{漏}\, q_{V缸} \tag{1-8}$$

图1-10　液压缸的内泄漏和外泄漏
1—低压腔　2—高压腔
3—外泄漏　4—内泄漏

式中　$q_{V泵}$——液压泵最大输出流量（m^3/s）；

　　　　$q_{V缸}$——液压缸的最大流量（m^3/s）；

　　　　$K_{漏}$——系统的泄漏系数，一般 $K_{漏} = 1.1 \sim 1.3$，系统复杂或管路较长时取大值，反之取小值。

三、液压传动的功率计算

1. 液压缸的输出功率 $P_{缸}$

功率等于力和速度的乘积。对于液压缸来说，其输出功率等于负载阻力 F 和活塞（或液压缸）运动速度 v 的乘积，即

$$P_{缸} = Fv \tag{1-9}$$

由于 $F = p_{缸} A$，$v = \dfrac{q_{V缸}}{A}$，所以液压缸的输出功率（不计液压缸的损失）

$$P_{缸} = p_{缸} q_{V缸} \tag{1-10}$$

式中　$P_{缸}$——液压缸的输出功率（W）；

　　　$p_{缸}$——液压缸的最高工作压力（Pa）；

　　　$q_{V缸}$——液压缸的流量（m^3/s）。

2. 液压泵的输出功率 $P_{泵}$

$$P_{泵} = p_{泵} q_{V泵} \tag{1-11}$$

式中　$P_{泵}$——液压泵的输出功率（W）；

　　　$p_{泵}$——液压泵的最高工作压力（Pa）；

　　　$q_{V泵}$——液压泵的输出流量（m^3/s）。

对于输出流量为定值的定量液压泵，$q_{V泵}$ 即为该泵的额定流量。

3. 液压泵的效率和液压泵驱动电动机功率的计算

由于液压泵在工作中也存在因泄漏和机械摩擦所造成的流量损失及机械损失，所以驱动液压泵的电动机所需的功率 $P_{电}$ 要比液压泵的输出功率 $P_{泵}$ 大，液压泵的总效率 $\eta_{总}$ 为

$$\eta_{总} = \frac{P_{泵}}{P_{电}} \tag{1-12}$$

因此，驱动液压泵的电动机功率 $P_{电}$

$$P_{电} = \frac{P_{泵}}{\eta_{总}} = \frac{p_{泵} q_{V泵}}{\eta_{总}} \tag{1-13}$$

第五节　液压冲击和气穴现象

一、液压冲击

在液压系统中，由于某种原因而引起液体的压力在瞬间急剧上升，这种现象称为液压冲击。

液压系统中产生液压冲击的原因很多，如液流速度突变（如关闭阀门）或突然改变液流方向（换向）等因素将会引起系统中油液压力的迅速升高而产生液压冲击。液压冲击会引起振动和噪声，导致密封装置、管路等液压元件的损坏，有时还会使某些元件，如压力继电器、顺序阀产生误动作，影响系统的正常工作。因此，必须采取有效措施来减轻或防止液压冲击。

避免产生液压冲击的基本措施是尽量避免液流速度发生急剧变化，延缓速度变化的时间，其具体办法是：

1）缓慢开关阀门。

2）限制管路中液流的速度。

3）系统中设置蓄能器和溢流阀。

4）在液压元件中设置缓冲装置（如节流孔）。

二、气穴现象

在液压系统中，由于流速突然变化、供油不足等因素，压力会迅速下降至低于液压油液所在温度下的空气分离压力时，原来溶于油液中的空气会游离出来形成气泡，这些气泡夹在油液中形成气穴，这种现象称为气穴现象。

当液压系统中出现气穴现象时，大量的气泡破坏了液流的连续性，造成流量和压力脉动，当气泡随液流进入高压区时又急剧破灭，引起局部液压冲击，使系统产生强烈的噪声和振动。当附着在金属表面上的气泡破灭时，它所产生的局部高温和高压作用，以及油液中逸出的气体的氧化作用，会使金属表面剥蚀或出现海绵状的小洞穴。这种因气穴造成的腐蚀作用称为气蚀，它将会导致元件寿命缩短。

气穴现象多发生在阀口和液压泵的进口处，由于阀口的通道狭窄，流速增大，压力大幅度下降，以致产生气穴现象。当泵的安装高度过高，吸油管直径太小，吸油阻力大，以及过滤器阻塞造成进口处真空度过大，亦会产生气穴。为减少气穴和气蚀的危害，一般采取下列措施：

1）减小液流在间隙处的压力降，一般希望间隙前后的压力比为 $p_1/p_2 < 3.5$。

2）降低液压泵吸油高度，适当加大吸油管内径，限制吸油管的流速，及时清洗过滤器。对高压泵可采用辅助泵供油。

3）管路要有良好密封，防止空气进入。

本 章 小 结

本章主要介绍了液压传动的基本原理、液压系统的组成，液压油的性质和正确的选择方法，静压传动原理和连续性原理、液压系统中压力和流量损失对系统的影响，以及液压冲击和气穴现象及其危害等内容。通过对液压传动基本原理的分析，了解液压系统中压力的形成和油液流动的规律，掌握液压传动系统中的静压传动原理和连续性原理，了解压力和流量损失、液压冲击和气穴现象的产生原因，以及对液压系统的影响，为随后学习液压元件、液压回路和液压系统打好基础。

复习思考题

1. 液压系统由哪几部分组成？各部分的作用是什么？

2. 与机械、电气传动相比较，液压传动有哪些优缺点？

3. 液压传动中，活塞运动的速度是怎样计算的？有人说"作用在活塞上的推力越大，活塞运动的速度越快"，这种说法对吗，为什么？

4. 什么是液压传动中的流量、压力？它们的单位是什么？

5. 什么是液流连续性原理？

6. 什么是静压传递原理？

7. 在图 1-1 所示液压千斤顶中，已知：压动手柄的力 $F = 294N$，作用点到支点的距离为 540mm，活塞杆铰链中心到支点的距离为 27mm，柱塞泵活塞 3 有效作用面积 $A_1 = 1 \times 10^{-3} m^2$，液压缸活塞 11 有效作用面积 $A_2 = 5 \times 10^{-3} m^2$。试求：

1）作用在柱塞泵活塞上的力为多少？

2）系统中的压力为多少？

3）液压缸活塞能顶起多重的重物？

4）两活塞的运动速度哪一个快？速比为多少？

5）当重物 $G = 19600N$ 时，系统中压力为多少？要想顶起此重物，作用在柱塞泵活塞上的力至少应为多少？

8. 液压传动系统为什么会有压力损失? 压力损失与哪些因素有关?

9. 什么是液压传动系统的泄漏? 生产中一般用什么方法来消除压力损失和流量损失对工作的影响?

10. 什么叫液压冲击? 它发生的原因是什么?

11. 什么叫气穴现象? 它有哪些危害? 应怎样避免?

第二章　液压泵和液压缸

教学目标　1. 掌握液压泵的工作原理及液压泵工作必须具备的条件。

2. 了解液压泵的作用和主要技术参数。

3. 掌握液压系统中电动机功率的计算方法。

4. 掌握常用液压泵的种类及应用特点。

5. 理解齿轮泵、叶片泵和柱塞泵的结构。

6. 掌握液压泵的图形符号。

7. 掌握液压缸的功用及图形符号。

8. 掌握液压缸推力和运动速度的计算方法。

9. 了解液压缸的结构及其密封、缓冲和排气。

教学重点　1. 液压泵的工作原理及液压泵工作必须具备的条件。

2. 常用液压泵的种类及应用特点。

3. 液压系统中电动机功率的计算及液压泵的选用方法。

4. 液压泵及液压缸的图形符号。

5. 液压缸的功用、类型及特点。

6. 液压缸推力和运动速度的计算方法。

教学难点　1. 液压系统中电动机功率的计算方法。

2. 液压缸推力和运动速度的计算方法。

液压泵和液压缸都是液压传动系统中的能量转换装置。液压泵是由电动机驱动把输入的机械能转换为液体的压力能，再以压力和流量的形式输出到系统中去，是液压系统中的动力元件。液压缸是将输入的液体压力能转换为机械能，是液压系统中的执行元件。

第一节　液　压　泵

液压泵是一种能量转换装置，将驱动它的原动机的机械能转换成油液的压力能，为液压系统提供液压油，是液压传动系统中的动力元件。

一、液压泵的工作原理、技术参数和分类

1. 液压泵的工作原理

液压传动中所用的液压泵都是靠密封的工作容积发生变化而进行工作的，所以都属于容积式泵。现以图 2-1 为例来说明其工作原理。

图 2-1 是一个简单的单柱塞液压泵的工作原理图。柱塞 2 安装在泵体 3 内，柱塞在弹簧 4 的作用下与偏心轮 1 接触。当偏心轮不停地转动时，柱塞做左右往复运动。柱塞向右运动时，柱塞和泵体所形成的密封容积 V 增大，形成局部真空，油箱中的油液在大气压力作用下，通过单向阀 6 进入泵体 V 腔，即液压泵吸油。柱塞向左运动时密封容积 V 减小，由于单

向阀 6 封住了吸油口，避免 V 腔油液流回油箱，于是 V 腔的油液经单向阀 5 压向系统，即液压泵压油。偏心轮不停地转动，液压泵便不断地吸油和压油。

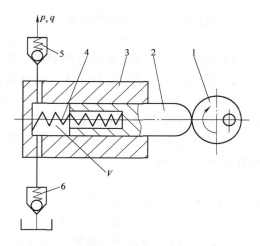

图 2-1　单柱塞液压泵的工作原理图
1—偏心轮　2—柱塞　3—泵体
4—弹簧　5、6—单向阀

从上述分析可知，液压泵要实现吸油、压油的工作过程必须具备下列条件：

1）应具备密封容积。

2）密封容积的大小能交替变化。泵的输油量与密封容积变化的大小及单位时间内的次数成正比。

3）应有配流装置。它的作用是：在吸油过程中密封容积与油箱相通，同时切断供油通道；在压油过程中，密封容积与供油通道相通而与油箱切断。图 2-1 中的单向阀 5、6 又称为配油装置。配油装置虽在形式上各式各样，但它是液压泵工作必不可少的部分。

4）在吸油过程中，必须使油箱与大气接通，这是吸油的必要条件。

2. 液压泵主要技术参数

（1）液压泵的压力

1）工作压力 $p_泵$（Pa）：液压泵的工作压力是指液压泵出口处的实际压力，即输出压力。液压泵的输出压力由负载决定。当负载增加时，液压泵的压力升高；当负载减小时，液压泵的压力下降，所以说"液压泵的工作压力由外负载决定"。

2）额定压力：液压泵的额定压力是指液压泵在正常工作条件下允许到达的最大工作压力，超过此值将使液压泵过载。

（2）液压泵的排量和流量

1）排量 V（m^3/r）：液压泵的排量是指在没有泄漏的情况下，液压泵轴转过一转时所能排出的油液体积。排量的大小仅与液压泵的几何尺寸有关。

2）流量 $q_泵$（m^3/s）

① 流量：液压泵的流量是指液压泵在单位时间内输出油液的体积。液压泵的流量有理论流量 q_t 和实际流量 $q_泵$ 之分，实际流量 $q_泵$ 等于理论流量减去因泄漏损失的流量 Δq，即

$$q_t = Vn/60 \tag{2-1}$$

式中　q_t——液压泵的理论流量（m^3/s）；

　　　V——液压泵的排量（m^3/r）；

　　　n——液压泵的转速（r/min）。

$$q_泵 = q_t - \Delta q \tag{2-2}$$

式中　$q_泵$——液压泵的实际流量（m^3/s，也常用 L/min，换算关系为：$1m^3/s = 6 \times 10^4 L/min$）；

　　　q_t——液压泵的理论流量（m^3/s）；

　　　Δq——液压泵的流量损失（m^3/s）。

② 额定流量：液压泵的额定流量，是指液压泵在额定转速和额定压力下的输出流量。

（3）转速 n（r/min）

1）转速：液压泵的转速是指液压泵输入轴的转速。

2）额定转速：在额定压力下，能连续长时间正常运转的最高转速。

（4）液压泵的功率和效率

1）液压泵的功率 $P_{泵}$（W）

① 驱动泵轴所需的机械功率称为液压泵的输入功率，用 P_i 表示。设输入转矩为 T，输入的转速为 n，则

$$P_i = 2\pi nT/60 \tag{2-3}$$

式中　P_i——液压泵的输入功率（W）；

　　　n——液压泵的转速（r/min）；

　　　T——液压泵的输入转矩（N·m）。

② 液压泵的输出功率 P_o 用液压泵的工作压力 $p_{泵}$ 与流量 $q_{泵}$ 的乘积来表示，即

$$P_o = \frac{p_{泵} \, q_{泵}}{1000} \tag{2-4}$$

式中　P_o——液压泵的输出功率（kW）；

　　　$p_{泵}$——液压泵的工作压力（Pa）；

　　　$q_{泵}$——液压泵的输出流量（m^3/s）。

2）液压泵的效率：液压泵将机械能转变为液压能时，会有一定的能量损耗，一部分是由于液压泵的泄漏造成的容积损失，另一部分是由于机械运动副之间的摩擦引起的机械损失。因此，液压泵的总效率 $\eta_{总}$ 为液压泵的输出功率 P_o 与输入功率 P_i 之比，又应等于容积效率 η_V 与机械效率 η_m 的乘积，即

$$\eta_{总} = P_o/P_i = \eta_V \eta_m \tag{2-5}$$

式中　$\eta_{总}$——液压泵的总效率；

　　　P_o——液压泵的输出功率（W）；

　　　P_i——液压泵的输入功率（W）；

　　　η_V——液压泵的容积效率；

　　　η_m——液压泵的机械效率。

　　　$\eta_{总}$——各种液压泵的总效率：齿轮泵，0.6~0.8；叶片泵，0.75~0.85；柱塞泵，0.75~0.9。

3. 液压泵的分类

液压泵的类型很多：按其排量能否调节而分成定量泵和变量泵；按其输油方向能否改变可分为单向泵和双向泵；按其额定压力的高低可分为低压泵、中压泵和高压泵；按液压泵的结构形式可分为齿轮泵、叶片泵、柱塞泵和螺杆泵等。每类泵中还有多种形式，例如：齿轮泵有外啮合式和内啮合式，叶片泵有单作用式和双作用式，柱塞泵有径向式和轴向式等。液压泵的图形符号如图2-2所示。

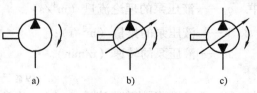

图2-2　液压泵的图形符号

a）单向定量液压泵　b）单向变量液压泵

c）双向变量液压泵

二、齿轮泵

齿轮泵具有结构简单、制造容易、成本低、体积小、质量小、工作可靠，以及对油液污染不太敏感等优点，但容积效率较低，流量脉动和压力脉动较大，噪声也大。低压齿轮泵国内已普遍生产，广泛应用于机床和其他中小型机械的液压系统中，它可以作为液压系统的动力源，也可作为润滑泵、输油泵使用。中高压齿轮泵主要用于工程机械、农业机械、轧钢设备和航空领域中。

齿轮泵分为外啮合齿轮泵和内啮合齿轮泵两类，下面介绍外啮合齿轮泵。

1. 齿轮泵的工作原理

图 2-3 所示为普通常用的外啮合齿轮泵的工作原理。一对啮合着的渐开线齿轮安装于壳体内部，齿轮的两端靠端盖密封，齿轮将泵的壳体内部分隔成左、右两个密封的油腔。当齿轮按图示的箭头方向旋转时，轮齿从右侧退出啮合，使该腔容积增大，形成局部真空，油箱中的油液在大气压力的作用下经泵的吸油管进入右腔——吸油腔，填充齿间。随着齿轮的转动，每个齿轮的齿间把油液从右腔带到左腔，轮齿在左侧进入啮合，齿间被对方轮齿填充，容积减小，齿间的油液被挤出，使左腔油压升高，油液从压油口输出，所以左腔便是泵的压油腔。齿轮不断转动，泵的吸、压油口便连续不断地吸油和压油。

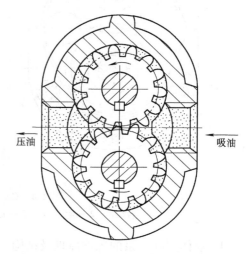

图 2-3　外啮合齿轮泵的工作原理

2. 齿轮泵的结构

CB-B 型齿轮泵属于低压齿轮泵。图 2-4 所示为 CB-B 型低压齿轮泵结构图。壳体采用由后端盖 1、泵体 3 和前端盖 4 组成的三片分离式结构（靠 2 个定位销定位，用 6 个螺钉压紧），便于加工，也便于控制齿轮与壳体的轴向间隙。两个齿轮装在泵体中，主动轮套在主动轴 5 上，从动轮套在短轴上，滚针轴承分别装在前、后端盖 4 和 1 中。小孔 a 为泄油孔，使泄漏出的油液经从动轮的中心小孔 c 及通道 d 流回吸油腔。在泵体的两端面上各铣有卸荷槽 b，由侧面泄漏的油液经卸荷槽流回吸油腔，这样可以减小泵体与端盖接合面间泄漏油压的作用，以减小联接螺钉的紧固力。泵的吸、压油口开在后端盖 1 上，见 A—A 剖视图，通径大者为吸油口，小者为压油口。6 为消除困油槽。

这种齿轮泵的结构简单、零件少、制造工艺性好，但齿轮端面处的轴向间隙在零件磨损后不能自动补偿，故泵的压力较低，一般为 2.5MPa，多用于低压液压系统。

三、叶片泵

叶片泵具有结构紧凑、体积小、流量均匀、运动平衡、噪声小、使用寿命较长、容积效率较高等优点，但也存在着结构复杂、吸油性能差、对油液污染比较敏感等缺点。叶片泵广泛应用于各种中等负荷的工作系统中。由于它流量脉动小，故在金属切削机床液压传动中，尤其是在各种需调速的系统中，应用较广泛。

叶片泵根据工作原理可分为单作用式及双作用式两类。单作用式的可做成各种定量泵和变量泵，但主要零件在工作时要受径向不平衡力的作用，工作条件较差。双作用式一般不能做成变量泵，但径向力是平衡的，工作情况较好，应用较广。

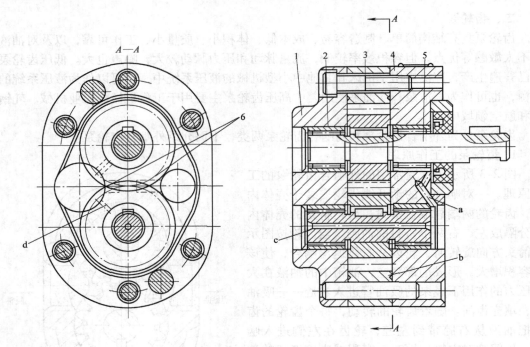

图 2-4　CB-B 型低压齿轮泵结构图
1—后端盖　2—滚针轴承　3—泵体　4—前端盖　5—主动轴　6—消除困油槽

1. 双作用叶片泵的工作原理及结构

双作用叶片泵的工作原理可以用图 2-5 来说明。该泵由转子 1、定子 2、叶片 3、配油盘 4 以及泵体 5 等零件组成。定子 2 与泵体 5 固定在一起，其内表面类似椭圆形，是由与转子同心的两段大半径 R 圆弧、两段小半径 r 圆弧和连接这些圆弧的四段过渡曲线所组成。叶片 3 可在转子径向叶片槽中灵活滑动，叶片槽的底部通过配油盘上的油槽（图中未表示出来）与压油窗口相连。当电动机带动转子 1 按图示方向转动时，叶片在离心力和叶片底部液压油的双重作用下，向外伸出，其顶部紧贴在定子内表面上，处于圆弧上的 4 个叶片分别与转子外表面、定子内表面及两个配油盘组成 4 个密封工作油腔。这些密封工作油腔随着转子的转动，在图示第 Ⅱ、Ⅳ 象限内，密封工作油腔的容积逐渐由小变大，通过配油盘的吸油窗口（与吸油口相连）将油液吸入。在图示第 Ⅰ、Ⅲ 象限内，密封工作油腔的容积由大变小，通过配油盘的压油窗口（与压油口相连）将油液压出。由于转子每转一转，每个工作腔完成两次吸油和压油，所以称为双作用叶片泵。

由图 2-5 不难看出，两个吸油区（低压）和两个压油区（高压）在径向上是对称分布的。作用在转子上的液压作用力互相平衡，使转子轴轴承的径向载荷得以平衡，故也称作卸荷式叶片泵。由于改善了机件的受力情况，所以双作用叶片泵可承受的工作压力比普通齿轮泵高。

2. 单作用叶片泵的工作原理及结构

单作用叶片泵的工作原理可用图 2-6 来说明。它与双作用叶片泵相似，也是由转子 1、定子 2、叶片 3 以及侧面两个配流盘等零件组成。不同之处是定子 2 的内表面是圆柱形，且转子 1 和定子 2 并不是同心安装，而是有一个偏心量 e。当转子转动时，转子径向槽中的叶片在离心力的作用下伸出，使叶片顶部紧靠在定子内表面上。在两侧配流盘上开有吸油和压油窗口，分别与吸、压油口连通。在吸油窗口和压油窗口之间的区域（其夹角应等于或稍大于两个叶片间的夹角）就是封油区，它把吸油腔和压油腔隔开。处在封油区的两个叶片 a、b 与转子外圆、定子内孔以及侧面两个配流盘形成左右两个密封工作腔。当转子按图示方向旋转时，右边密封工作腔的容积逐渐增大，通过配流盘上的吸油窗口将油液吸入，而左边密封工作腔的容积逐渐减小，通过压油窗口将油液压出。转子每转一转，每两叶片间的密封工作腔实现一次吸油和压油，故称单作用叶片泵。由图 2-6 可看出转子受到压油腔的单向液压作用力，使转子轴承承受很大的径向载荷，所以也称为非卸荷式叶片泵。通常这类泵的叶片底部通过配流盘上的通油槽与叶片所在的工作腔相连。因此叶片在压油区时，叶片底部通高压，叶片在吸油区时，叶片底部通低压，从而使叶片顶端和底端因径向运动而对流量产生的影响互相抵消，故叶片的厚度对泵的流量无影响。但由于封油区定子内表面和转子外表面不是同心圆弧，因而会产生流量脉动，且倒灌现象也难以避免，故一般不宜用在高压系统中。

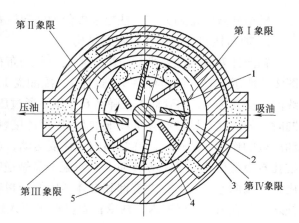

图 2-5 双作用叶片泵的工作原理
1—转子 2—定子 3—叶片
4—配油盘 5—泵体

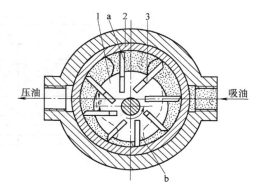

图 2-6 单作用叶片泵的工作原理
1—转子 2—定子 3—叶片

单作用叶片泵的优点是它的流量可以通过改变转子和定子之间的偏心距 e 来调节，因此，单作用叶片泵大多作为变量泵。此外，还可以通过改变偏心的方向来调换叶片泵的进出油口，从而改变叶片泵的输油方向。调节流量的方式可以是手动的，也可以自动进行。

四、柱塞泵

柱塞泵是靠柱塞在缸体柱塞孔中往复运动时形成密封工作容积的变化实现吸油和压油的。与齿轮泵及叶片泵相比，柱塞泵有以下特点：

1）工作压力高。因柱塞与缸孔加工容易，尺寸精度及表面质量可以达到很高的要求，因而配合精度高，油液泄漏小，容积效率高，能达到的工作压力一般是 20～40MPa，最高可达 100MPa。

2）流量范围大。只要适当地加大柱塞直径、行程或增加柱塞数目，流量便增大。

3）改变柱塞的行程就能改变流量，容易制成变量液压泵。

4）柱塞泵主要零件均受压，使材料强度得以充分利用，寿命长，单位功率质量小。

由以上可知，柱塞泵适用于高压、大流量、大功率的液压系统中和流量需要调节的场合，但柱塞泵的结构复杂，材料及加工精度要求较高，加工量大，价格昂贵，故一般是在其他类型的泵达不到要求时才采用。

根据柱塞的排列方式，柱塞泵可分为轴向柱塞泵和径向柱塞泵两大类。

1. 轴向柱塞泵的工作原理及结构

轴向柱塞泵的柱塞平行于缸体轴线，并均布在缸体的圆周上。轴向柱塞泵的工作原理如图2-7所示，它主要由柱塞5、缸体7、配油盘10和斜盘1等零件组成。斜盘法线和缸体轴线间的交角为γ。内套筒4在弹簧6作用下通过压板3而使柱塞头部的滑履2和斜盘1靠牢；同时，外套筒8则使缸体7和配油盘10紧密接触，起密封作用。当缸体转动时，由于斜盘和压板的作用，迫使柱塞在缸体内做往复运动，通过配油盘的配油窗口进行吸油和压油。当缸孔自最低位置向前上方转动（相对配油盘做逆时针方向转动）时，柱塞转角在0→π范围内，柱塞向左运动，柱塞端部和缸体形成的密封容积增大，通过配油盘吸油窗口进行吸油；柱塞转角在π→0范围内，柱塞被斜盘逐步压入缸体，柱塞端部容积减小，泵通过配油盘压油窗口压油。若改变斜盘倾角γ的大小，则可改变泵的输出流量，即为变量泵；若改变斜盘倾角γ的方向，则进油口和压油口互换，即为双向轴向柱塞泵。

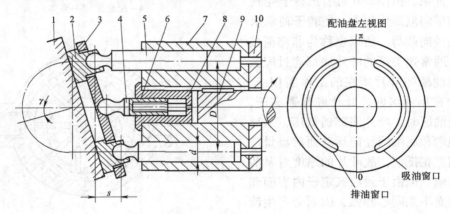

图 2-7　轴向柱塞泵工作原理图

1—斜盘　2—滑履　3—压板　4—内套筒
5—柱塞　6—弹簧　7—缸体　8—外套筒　9—传动轴　10—配油盘

2. 径向柱塞泵的工作原理及结构

图 2-8 为径向柱塞泵工作原理图。径向柱塞泵由转子1、定子2、柱塞3、配油衬套4和配油轴5等主要零件组成。

柱塞沿径向均匀分布在转子上，配油衬套和转子紧密配合，并套装在配油轴上，配油轴是固定不动的。转子连同柱塞由电动机带动一起旋转。柱塞靠离心力（有些结构是靠弹簧或低压补油作用）紧压在定子的内壁面上。由于定子和转子间有一偏心距 e，所以当转子按图示方向旋转时，柱塞在上半周内向外伸出，其底部的密封容积逐渐增大，产生局部真空，于是通过固定在配油轴上的窗口 a 吸油。当柱塞处于下半周时，柱塞底部的密封容积逐渐减小，通过配油轴窗口 b 把油液压出。转子转一周，每个柱塞各吸、压油一次。若改变定子和转子的偏心距 e，则泵的输出流量也改变，即为径向柱塞变量泵；若偏心距 e 从正值变为负值，则进油口和压油口互换，即为双向径向柱塞变量泵。

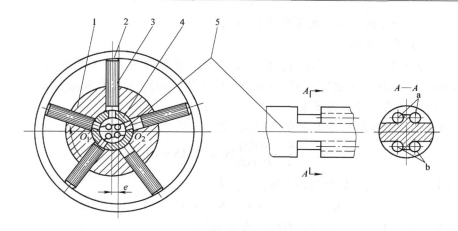

图 2-8 径向柱塞泵工作原理图

1—转子 2—定子 3—柱塞 4—配油衬套 5—配油轴

五、电动机功率的计算

当液压泵由电动机驱动时，可根据液压泵的功率计算出电动机所需要的功率，再考虑液压泵的转速，然后从样本中合理地选定标准的电动机。因此，在选择电动机前首先要选定液压泵。

液压泵的选择，通常先根据液压泵的性能要求来选定液压泵的形式，再根据液压泵所应保证的压力和流量来确定它的具体规格。

液压泵的工作压力是由执行元件的最大工作压力来决定的，考虑到各种压力损失，泵的最大工作压力 $p_泵$ 可按下式确定

$$p_泵 = K_压 \, p_缸 \tag{2-6}$$

式中 $p_泵$——液压泵所需要提供的压力（Pa）；

  $K_压$——系统中压力损失系数，一般取 1.3 ~ 1.5；

  $p_缸$——液压缸中所需的最大工作压力（Pa）。

液压泵的输出流量 $q_泵$ 取决于系统所需最大流量及泄漏量，即

$$q_泵 = K_漏 \, q_缸 \tag{2-7}$$

式中 $q_泵$——液压泵所需输出的流量（m^3/s）；

  $K_漏$——系统的泄漏系数，一般取 1.1 ~ 1.3；

  $q_缸$——液压缸所需提供的最大流量（m^3/s）。

若为多液压缸同时动作，则 $q_缸$ 应为同时动作的几个液压缸所需的最大流量之和。

在 $p_泵$、$q_泵$ 求出以后，就可具体选择液压泵的规格。选择时，应使实际选用泵的额定压力大于所求出的 $p_泵$ 值，通常可放大 25%。泵的额定流量一般选择略大于或等于所求出的 $q_缸$ 值即可。

驱动液压泵所需的电动机功率 $P_电$ 可按下式确定

$$P_电 = \frac{p_泵 \, q_泵}{1000 \eta_总} \tag{2-8}$$

式中 $P_电$——电动机所需的功率（kW）；

  $p_泵$——泵所需的最大工作压力（Pa）；

$q_泵$——泵所需输出的最大流量（m^3/s）；

$\eta_总$——泵的总效率。

例2-1 已知某液压系统工作时，活塞上所受的外载荷为 $F = 9720N$，活塞有效工作面积 $A = 0.008m^2$，活塞运动速度 $v = 0.04m/s$，问应选择额定压力和额定流量为多少的液压泵？驱动它的电动机功率应为多少？

解：首先确定液压缸中最大工作压力 $p_缸$ 为

$$p_缸 = \frac{F}{A} = \frac{9720}{0.008}Pa = 12.15 \times 10^5 Pa$$

选择 $K_压 = 1.3$，计算液压泵所需最大压力 $p_泵$ 为

$$p_泵 = K_压 \, p_缸 = 1.3 \times 12.15 \times 10^5 Pa = 15.8 \times 10^5 Pa$$

再根据运动速度计算液压缸中所需的最大流量 $q_缸$ 为

$$q_缸 = vA = 0.04m/s \times 0.008m^2 = 3.2 \times 10^{-4} m^3/s$$

选择 $K_漏 = 1.1$，计算泵所需的最大流量 $q_泵$ 为

$$q_泵 = K_漏 \, q_缸 = 1.1 \times 3.2 \times 10^{-4} m^3/s = 3.52 \times 10^{-4} m^3/s$$

查液压泵的样本资料，选择 CB-B25 型齿轮泵。该泵的额定流量为 25L/min（约为 $4.17 \times 10^{-4} m^3/s$），略大于 $q_泵$；该泵的额定压力为 25kgf/cm^2（约为 $25 \times 10^5 Pa$），大于泵所需要提供的最大压力。选择泵的总效率 $= 0.7$，驱动泵的电动机功率为

$$P_电 = \frac{p_泵 \, q_额}{1000 \times 0.7} = \frac{15.8 \times 10^5 \times 4.17 \times 10^{-4}}{1000 \times 0.7}kW = 0.94kW$$

由上式可见，在计算电动机功率时用的是泵的额定流量，而没有用计算出来的泵的流量，这是因为所选择的齿轮泵是定量泵的缘故，定量泵的流量是不能调节的。

例2-2 已知某液压系统工作时，已知负载 $F = 30000N$，活塞有效工作面积 $A = 0.01m^2$，空载快速前进的速度 $v_1 = 0.05m/s$，负载工作时前进的速度 $v_2 = 0.025m/s$，选取 $K_压 = 1.5$，$K_漏 = 1.3$，$\eta = 0.75$。试从下列泵中选择一台合适的泵，并计算其相应的电动机功率。

YB—32 型叶片泵：$q_泵 = 32L/min$，$p_泵 = 6.3 \times 10^6 Pa$

YB—40 型叶片泵：$q_泵 = 40L/min$，$p_泵 = 6.3 \times 10^6 Pa$

YB—50 型叶片泵：$q_泵 = 50L/min$，$p_泵 = 6.3 \times 10^6 Pa$

解：
$$p_缸 = \frac{F}{A} = \frac{30000}{0.01}Pa = 30 \times 10^5 Pa$$

$$p_泵 = K_压 \, p_缸 = 1.5 \times 30 \times 10^5 Pa = 45 \times 10^5 Pa$$

由于快速前进的速度大，所需的流量也大，所以泵必须保证的流量就满足快进的要求，此时流量按 v_1 计算

$$q_缸 = v_1 A = 0.05m/s \times 0.01m^2 = 5 \times 10^{-4} m^3/s$$

$$q_泵 = K_漏 \, q_缸 = 1.3 \times 5 \times 10^{-4} m^3/s = 6.5 \times 10^{-4} m^3/s$$

在 $p_泵$、$q_泵$ 求出以后，就可选择液压泵的规格。因为求出的 $p_泵 = 45 \times 10^5 Pa$，而求出的 $q_泵 = 6.5 \times 10^{-4} m^3/s = 39L/min$（约为 $6.67 \times 10^{-4} m^3/s$），所以应选择 YB—40 型叶片泵。

驱动泵的电动机功率为

$$P_{电} = \frac{p_{泵}\ q_{额}}{1000 \times 0.75} = \frac{46 \times 10^5 \times 6.67 \times 10^{-4}}{1000 \times 0.75} kW \approx 4kW$$

若 YB—40 型叶片泵的转速为 960r/min，则可根据 $P_{电}$ 为 4kW 和 960r/min 从题目所给选项中选择合适的电动机。

第二节　液　压　缸

液压缸是把液体的压力能转化为机械能的能量转换装置，它是液压系统中的执行元件，一般用来实现往复直线运动或摆动。按结构特点的不同，液压缸可分为活塞式、柱塞式和摆动式等类型。本节主要介绍双作用活塞式液压缸，双作用活塞式液压缸有双作用双杆活塞式液压缸和双作用单杆活塞式液压缸两类。所谓双作用缸是指正、反两个方向运动均靠液压油来实现的液压缸，而单作用缸只有一个方向的运动是由液压油实现，另一个方向的运动靠外力实现的液压缸。

一、双作用双杆活塞式液压缸及其基本计算

双作用双杆活塞式液压缸即被活塞隔开的液压缸两腔中都有活塞杆伸出，见图 2-9，它主要由活塞杆 1、压盖 2、缸盖 3、缸体 4、活塞 5、密封圈 6 等组成。缸体固定在床身上，活塞杆和支架连在一起，使活塞杆只受拉力，因而可做得较细。缸体 4 与缸盖 3 采用法兰联接，活塞 5 与活塞杆 1 采用锥销联接。活塞与缸体间采用间隙密封，活塞杆与缸体端盖处采用 V 形密封圈密封。

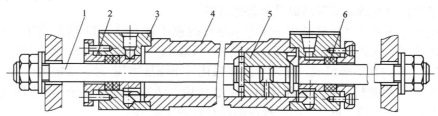

图 2-9　双作用双杆活塞式液压缸结构
1—活塞杆　2—压盖　3—缸盖　4—缸体　5—活塞　6—密封圈

双作用双杆活塞式液压缸的工作原理如图 2-10 所示，图形符号如图 2-10c 所示。

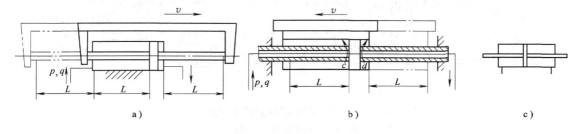

图 2-10　双作用双杆活塞式液压缸工作原理图
a）缸体固定式　b）活塞杆固定式　c）图形符号

通常双杆活塞式液压缸两活塞杆直径相同，故活塞两端的有效面积相同。当供油压力和流量不变时，则活塞往复运动的推力 F_1、F_2 和速度 v_1、v_2 相等，其值为

$$F_1 = F_2 = (p_1 - p_2)A = (p_1 - p_2)\frac{\pi}{4}(D^2 - d^2) \tag{2-9}$$

$$v_1 = v_2 = \frac{4q}{\pi(D^2 - d^2)} \tag{2-10}$$

式中　A——缸的有效工作面积（m^2）；

　　　D——活塞的直径（m）；

　　　d——活塞杆的直径（m）；

　　　p_1——进油腔的压力（Pa）；

　　　p_2——回油腔的压力（Pa）；

　　　q——输入液压油的流量（m^3/s）。

　　双杆活塞式液压缸常用于要求往复运动速度和负载相同的场合，如各种磨床。

　　图2-10a所示为缸体固定式双作用双杆活塞式液压缸。当缸的左腔进油，右腔回油时，活塞带动工作台向右移动；反之，右腔进油，左腔回油时，活塞带动工作台向左移动。由图可见，工作台的运动范围约为活塞有效行程L的三倍，占地面积较大，常用于小型液压设备。

　　图2-10b所示为活塞杆固定式双作用双杆活塞式液压缸。当液压油经空心活塞杆的中心孔及活塞处的径向孔c进入缸的左腔，右腔回油时，则推动缸体带动工作台向左移动；反之，右腔进液压油，左腔回油时，缸体带动工作台向右移动。由图可见，工作台的运动范围约为缸筒有效行程L的两倍，占地面积较小，常用于大、中型液压设备。

二、双作用单杆活塞式液压缸及其基本计算

　　双作用单杆活塞式液压缸是仅一端有活塞杆的液压缸。图2-11所示为工程机械设备常用的双作用单杆活塞式液压缸，主要由缸底1、活塞2、O形密封圈3、Y形密封圈4、缸体5、活塞杆6、导向套7等组成。活塞与缸体采用Y形密封圈密封，活塞的内孔与活塞杆之间采用O形密封圈密封。导向套起导向、定心作用，活塞上套着一个用聚四氟乙烯制成的支承环，缸盖上设有防尘圈9，活塞杆左端设有缓冲柱塞10。

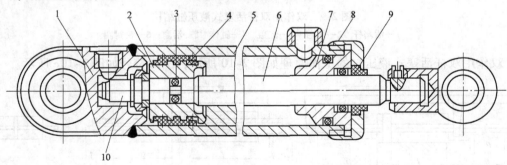

图2-11　双作用单杆活塞式液压缸结构

1—缸底　2—活塞　3—O形密封圈　4—Y形密封圈　5—缸体　6—活塞杆　7—导向套　8—缸盖
9—防尘圈　10—缓冲柱塞

　　如图2-12所示，双作用单杆活塞式液压缸无论是缸体固定还是活塞杆固定，工作台的运动范围都等于缸有效行程L的两倍。故结构紧凑，应用广泛。图形符号如图2-12b所示。

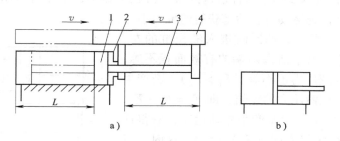

图 2-12　双作用单杆活塞式液压缸工作原理图

a）液压缸运动范围　b）图形符号

1—活塞　2—缸体　3—活塞杆　4—工作台

由于仅一侧有活塞杆，所以两腔的有效工作面积不同，当分别向缸两腔供油，且供油压力和流量相同时，活塞（或缸体）在两个方向产生的推力和运动速度不相等。

双作用单活塞杆式液压缸的工作特点如下：

1）工作台往复运动速度不相等。以图 2-13 为例，设活塞与活塞杆的直径分别为 D 和 d。当压力油输入无杆腔，工作台向有杆腔方向（右）运动时，其速度为 v_1，则有

$$v_1 = \frac{q}{A_1} = \frac{4q}{\pi D^2} \tag{2-11}$$

当压力油输入有杆腔，工作台向无杆腔方向（左）运动时，其速度为 v_2，则有

$$v_2 = \frac{q}{A_2} = \frac{4q}{\pi (D^2 - d^2)} \tag{2-12}$$

因为 $A_1 > A_2$，所以 $v_2 > v_1$。

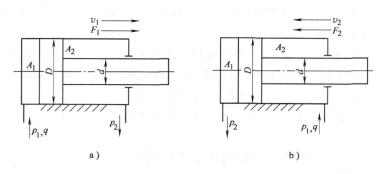

图 2-13　双作用单杆活塞式液压缸推力和运动速度计算简图

2）活塞两方向的作用力不相等。当压力油输入无杆腔时，油液对活塞的作用力（克服较大的外负载）为 F_1，则有

$$F_1 = pA_1 = p\frac{\pi D^2}{4} \tag{2-13}$$

当压力油输入有杆腔时，油液对活塞的作用力（克服摩擦力的作用）为 F_2，则有

$$F_2 = pA_2 = p\frac{\pi (D^2 - d^2)}{4} \tag{2-14}$$

因为 $F_1 > F_2$，所以双作用单杆活塞式液压缸在工作中，工作台慢速运动时，活塞获得的推力大；工作台快速运动时，活塞获得的推力小。

3）差动连接。当压力油同时进入液压缸的左、右腔时（图2-14），由于活塞两端的有效面积不等，作用于活塞两端的液压力也不等（$F_1 > F_2$），新产生的推力等于活塞两侧液压力的差值，即 $F_3 = F_1 - F_2$，在此推力 F_3 的作用下，活塞产生差动运动，获得速度 v_3，工作台向有杆腔方向（右）运动。这时，液压缸有杆腔排出的油液进入液压缸无杆腔，无杆腔得到的总流量增加，有

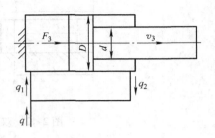

图2-14　差动缸

$$q_1 = q + q_2$$

因为
$$q_1 = A_1 v_3$$

$$q_2 = A_2 v_3$$

所以
$$A_1 v_3 = q + A_2 v_3$$

整理后得
$$v_3 = \frac{q}{A_1 - A_2} = \frac{q}{A_3} \tag{2-15}$$

而推力为
$$F_3 = F_1 - F_2 = p(A_1 - A_2) = pA_3 \tag{2-16}$$

式中　A_3——活塞两端有效作用面积之差，即活塞杆的截面积为 $A_3 = A_1 - A_2 = \dfrac{\pi d^2}{4}$。

将 F_3 和 v_3 分别与非差动连接时的 F_1 和 v_1 相比较可以看出，它的运动速度提高了，但推力减小了。因此，单杆活塞式液压缸还常用于在需要实现"快进（差动连接）→工进（无杆腔进油）→快退（有杆腔进油）"工作循环的组合机床等设备的液压系统中。这时，通常要求"快进"和"快退"的速度相等，即 $v_3 = v_2$，则由式（2-12）和式（2-15）可得 $D = \sqrt{2}d$（或 $d = 0.71D$）。

例2-3　如图2-15所示，差动连接液压缸，无杆腔有效面积 $A_1 = 40\text{cm}^2$，有杆腔有效面积 $A_2 = 20\text{cm}^2$，输入油液流量 $q = 0.42 \times 10^{-3}\text{m}^3/\text{s}$，压力 $p = 0.1 \times 10^6\text{Pa}$，问活塞向哪个方向运动？运动速度是多少？能克服多大的工作阻力？

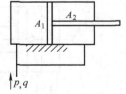

图2-15　单杆活塞式液压缸差动连接

解：因为液压缸为差动连接，所以液压缸两腔的压力相等，$p = 0.1 \times 10^6\text{Pa}$。

活塞向右的推力：$F_1 = pA_1 = 0.1 \times 10^6\text{Pa} \times 40 \times 10^{-4}\text{m}^2 = 400\text{N}$

活塞向左的推力：$F_2 = pA_2 = 0.1 \times 10^6\text{Pa} \times 20 \times 10^{-4}\text{m}^2 = 200\text{N}$

由于 $F_1 > F_2$，故活塞向右运动。

活塞向右运动能克服的最大阻力：$F = F_1 - F_2 = 400\text{N} - 200\text{N} = 200\text{N}$

活塞向右运动速度：$v = \dfrac{q}{A_1 - A_2} = \dfrac{0.42 \times 10^{-3}\text{Pa}}{(40 - 20) \times 10^{-4}\text{m}^2} = 0.21\text{m/s}$

三、液压缸的密封、缓冲和排气

1. 液压缸的密封

液压缸在工作时，缸内压力比缸外压力（大气压力）大，一般进油腔压力比回油腔压力大得多，因此在配合表面间将会产生泄漏，泄漏将直接影响系统的工作压力，甚至使整个系统无法工作，外泄漏还会污染设备和环境，造成油液的浪费。因此，必须合理地设置密封装置来防止和减小油液的泄漏及空气和外界污染物的侵入。

根据需要密封的两个配合表面之间是否有相对运动，可将密封分为动密封和静密封两大类。根据密封原理，又分为非接触式密封和接触式密封。常用的密封方法有间隙密封及用 O 形、V 形、Y 形及组合式密封圈密封。密封件的结构见本书第三章。

2. 液压缸的缓冲

为避免活塞在行程两端与缸盖发生机械碰撞，产生冲击和噪声，影响设备工作精度，以至损坏零件，常在大型、高速或高精度液压设备中设置缓冲装置。缓冲装置的原理是利用活塞或缸筒行进行程终端时，在活塞和缸盖之间封住一部分油液，强迫它从小孔或很窄的缝隙中挤出，以产生很大的回油阻力使工作部件受到制动而逐渐减慢速度，避免活塞与缸盖相撞，以达到缓冲目的。常用的液压缸缓冲装置如图 2-16 所示。

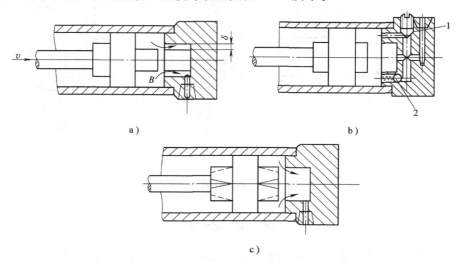

a）　　　　　　　　　　b）

c）

图 2-16　液压缸缓冲装置

（1）圆环状间隙式（固定节流式）缓冲装置　当缓冲柱塞进入缸盖上的内孔后，活塞和缸盖间形成缓冲油腔，油腔中的油液只能从环形间隙 δ 排出（回油），产生缓冲压力，从而实现减速制动，如图 2-16a 所示。在缓冲过程中，由于通流截面的面积不变，因此随着活塞运动速度的降低，其缓冲作用逐渐减弱。这种装置的缓冲效果较差（若采用圆锥形缓冲柱塞，可克服此缺点），但结构简单，便于制造。

（2）可调节流式缓冲装置　当缓冲柱塞进入缸盖上的内孔后，油腔内的油液必须经过节流阀 1 才能排出，调节节流阀口的开度大小可控制缓冲压力的大小，以适应液压缸不同负载和速度工况对缓冲的要求，但仍不能解决速度降低后缓冲作用减弱的缺点，如图 2-16b 所示。图中 2 为用于反向起动的单向阀。

（3）可变节流槽式缓冲装置　在缓冲柱塞上开有由浅入深的三角节流槽，其通流面积随着缓冲行程的增大而逐渐减小，缓冲压力变化平缓，克服了在行程最后阶段缓冲作用减弱的问题，如图 2-16c 所示。

3. 液压缸的排气

液压系统混入空气后会使其工作变得不稳定，且会产生振动、噪声、爬行和起动时突然前冲等现象，严重时会使液压系统不能正常工作。因此，设计液压缸时，必须考虑将空气排出。

对于要求不高的液压缸，往往不设专门的排气装置，而是将缸的油口设置在缸筒两端的最高处，这样可利用液流将缸内的空气带回油箱，再从油箱中逸出。对于速度稳定性要求较高的液压缸和大型液压缸，常在液压缸的最高部位设置专门的排气装置。常用的排气装置有两种形式，如图 2-17 所示。一种是在液压缸的最高部位处开排气孔，见图 2-17a，用长管道通向远处的排气阀排气，机床上大多采用这种形式。另一种是在缸盖的最高部位处直接安装排气塞、排气阀等。如图 2-17b 和图 2-17c 所示，在液压系统正式工作前松开螺钉，让液压缸全行程空载往复运动数次排气，排气完毕后拧紧螺钉，液压缸便可正常工作。

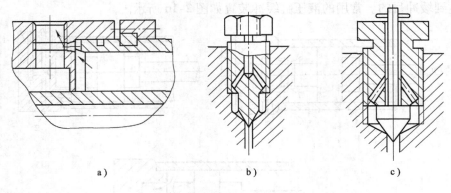

a)　　　　　　　　　　b)　　　　　　　　　　c)

图 2-17　液压缸的排气装置

本 章 小 结

本章主要介绍了液压泵的工作原理及液压泵必须具备的条件；液压泵的作用和主要技术参数；液压系统中电动机功率的计算方法；常用液压泵的种类及应用特点；齿轮泵、叶片泵和柱塞泵的结构；液压缸推力和运动速度的计算方法；液压缸的结构、密封、缓冲和排气等知识。液压泵和液压缸是液压传动系统中的动力原件和执行原件，是液压传动系统的重要组成部分，应重点学习掌握有关计算方法，力求能够运用到实际生产工作中去。

复习思考题

1. 液压泵完成吸油和压油，必须具备什么条件？

2. 什么是液压泵的工作压力？其大小由什么来决定？

3. 有一台额定压力为 6.3MPa 的液压泵，若将其出口通油箱，试问此时液压泵出口处的压力为多少？

4. 液压泵标牌上注明的额定压力的意义是什么？它与泵的工作压力有什么关系？

5. 液压泵的排量、流量各取决于哪些参数？流量的理论值和实际值有什么区别？

6. 试述双作用式叶片泵的工作原理。

7. 试述轴向柱塞泵的工作原理。

8. 某定量液压泵的输出压力 $p_{泵}=2.5\mathrm{MPa}$，泵的额定流量 $q_{泵}=4.17\times10^{-4}\mathrm{m^3/s}$（25L/min），总效率 $\eta_{总}=0.8$。试问驱动该液压泵的电动机所需的功率为多少？

9. 液压缸有哪些类型？

10. 缸体固定式双杆活塞式液压缸和杆固定式双杆活塞式液压缸，其工作台运动范围有何不同？运动方向和进油方向之间是什么关系？

11. 怎样计算单杆和双杆活塞式液压缸的牵引力？这两种活塞缸各有何特点？

12. 什么叫液压缸的差动连接？适用于什么场合？怎样计算液压缸差动连接时的运动速度和牵引力？

13. 液压缸中为什么要设有缓冲装置？常用的缓冲装置有哪几种？

14. 某液压系统执行元件为双杆活塞式液压缸，见图 2-18，液压缸工作压力 $p=3.5\mathrm{MPa}$，活塞直径 $D=90\mathrm{mm}$，活塞杆直径 $d=40\mathrm{mm}$，工作进给速度 $v=0.2\mathrm{m/s}$，问液压缸能克服多大的阻力？液压缸所需流量为多少？

15. 在图 2-19 所示的单杆活塞式液压缸中，已知缸体内径 $D=125\mathrm{mm}$，活塞杆直径 $d=70\mathrm{mm}$，活塞向右运动的速度 $v=0.1\mathrm{m/s}$，求进入液压缸的流量 q 和排出液压缸的流量 q_1 各为多少？

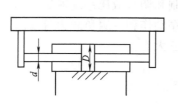

图 2-18　习题 14 图

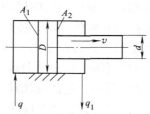

图 2-19　习题 15 图

16. 单杆活塞式液压缸，活塞直径 $D=80\mathrm{mm}$，活塞杆直径 $d=50\mathrm{mm}$，进入液压缸的流量 $q=30\mathrm{L/min}$，问往复运动速度各是多少？

17. 图 2-20 所示的两个结构相同相互串联的液压缸，无杆腔的面积 $A_1=1\mathrm{m^2}$，有杆腔的面积 $A_2=0.64\mathrm{m^2}$，缸 1 输入压力 $p_1=9\times10^5\mathrm{Pa}$，输入流量 $q_1=12\mathrm{L/min}$，不计损失和泄漏，求：

① 两缸承受相同负载时（$F_1=F_2$），该负载的数值及两缸的运动速度各是多少？

② 缸 2 的输入压力是缸 1 的一半时（$p_2=p_1/2$），两缸各能承受多少负载？

③ 缸 1 不受负载时（$F_1=0$），缸 2 能承受多少负载？

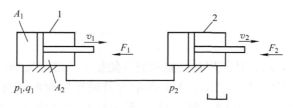

图 2-20　习题 17 图

第三章　液压控制阀和液压系统辅助装置

教学目标　1. 掌握各类液压控制阀的功用、基本结构、工作原理和图形符号。
　　　　　　2. 理解换向阀位、通的概念和操纵方式，以及三位换向阀的中位机能。
　　　　　　3. 理解溢流阀、减压阀和顺序阀的异同及应用。
　　　　　　4. 了解新型液压元件（比例阀、插装阀、叠加阀）的基本结构、工作原理、
　　　　　　　图形符号及应用。
　　　　　　5. 了解液压系统中各种辅助装置的功用、种类、特点和图形符号。

教学重点　1. 各类液压控制阀的功用、工作原理和图形符号。
　　　　　　2. 各种液压辅助装置的功用和图形符号。

教学难点　溢流阀、减压阀、顺序阀的异同及其应用。

液压控制阀是液压系统的控制元件，其作用是控制和调节液压系统液流方向、压力和流量，以满足执行元件的起动、停止、换向、调速、顺序动作和克服负载力等要求。

根据用途和工作特点不同，液压控制阀可以分为三大类：

1）方向控制阀：包括单向阀、换向阀等。

2）压力控制阀：包括溢流阀、减压阀、顺序阀等。

3）流量控制阀：包括节流阀、调速阀等。

这三类阀还可以根据需要相互组合成为组合阀，如单向节流阀、单向顺序阀和单向行程阀等，使几阀同体，结构简单，使用方便。

目前常用的标准化液压控制阀按安装连接方式可分为管式阀和板式阀两种。管式阀的进出油口用螺纹管接头或法兰与油管连接，特点是安装方便；板式阀的进出油口通过油路连接板与油管连接，特点是装拆方便，便于集成。目前板式阀应用较广泛。

第一节　方向控制阀

控制液压系统中液流方向或油路通、断的阀称为方向控制阀，它分为单向阀和换向阀两类。

一、单向阀

1. 普通单向阀

普通单向阀简称单向阀，其作用是控制油液只能按一个方向流动，而不能反向流动，一般由阀体、阀芯和弹簧等零件构成。图 3-1 所示为普通单向阀的两种结构和图形符号。图 3-1a所示为管式（直通式）单向阀，图 3-1b所示为板式（直角式）单向阀，图 3-1c 所示为普通单向阀的图形符号。当液压油从进油口 P_1 流入时，顶开阀芯 2，经出油口 P_2 流出。当液流反向时，在弹簧 3 和液压油的作用下，阀芯压紧在阀体 1 上，截断通道，使油液不能

通过。根据单向阀的使用特点，要求油液正向通过时阻力要小，液流有反向流动趋势时，关闭动作要灵敏，关闭后密封要好。因此弹簧通常很软，开启压力一般仅为 $3.5 \times 10^4 \sim 5.0 \times 10^4$ Pa，主要用于克服摩擦力。

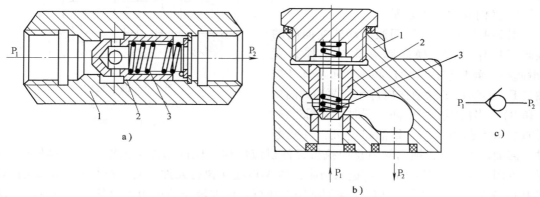

图 3-1　普通单向阀及图形符号

a）管式（直通式）　b）板式（直角式）　c）图形符号

1—阀体　2—阀芯　3—弹簧

2. 液控单向阀

在液压系统中，有时需要使被单向阀所闭锁的油路重新接通，为此可把单向阀做成闭锁方向能够控制的结构，这就是液控单向阀。

图 3-2 所示为液控单向阀的结构和图形符号。如图 3-2a 所示，当控制油口 K 不通入控制液压油时，油液只能从进油口 P_1 进入，顶开阀芯 2，从出油口 P_2 流出，不能反向流动。当从控制油口 K 通入控制液压油时，活塞 1 左端受油压作用而向右移动（活塞右端油腔与泄油口 L 相通，如图 3-2b 所示），通过顶杆 3 将阀芯向右顶开，使进油口 P_1 与出油口 P_2 接通，油液可在两个方向自由流通。控制用的最小油压约为液压系统主油路油液压力的 30% ~ 40%。

液控单向阀也可以做成常开式结构，即平时油路畅通，需要时通过液控闭锁一个方向的油液流动，使油液只能单方向流动。

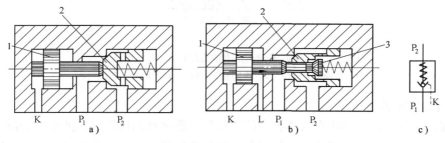

图 3-2　液控单向阀及图形符号

1—活塞　2—阀芯　3—顶杆

二、换向阀

换向阀通过改变阀芯和阀体间的相对位置，控制油液流动方向，接通或关闭油路，从而改变液压系统的工作状态的方向。常用的换向阀阀芯在阀体内作往复滑动，称为滑阀。滑阀是一个有多段环形槽的圆柱体，其直径大的部分称为凸肩，凸肩与阀体内孔相配合。阀体内孔中加工有若干段环形槽，阀体上有若干个与外部相通的通路口，并与相应的环形槽相通，如图3-3所示。

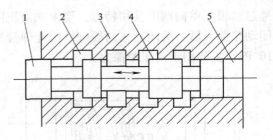

图3-3　滑阀结构
1—滑阀　2—环形槽　3—阀体
4—凸肩　5—阀孔

1. 换向阀的工作原理

图3-4所示为三位四通滑阀式换向阀的换向工作原理图。换向阀有3个工作位置（滑阀在中间和左右两端）和4个通路口（进油口P、回油口T和通往执行元件两端的油口A和B）。当滑阀处于中间位置时，见图3-4a，滑阀的两个凸肩将A、B油口封死，并隔断进、回油口P和T，换向阀阻止向执行元件供液压油，执行元件不工作；当滑阀处于右位时，见图3-4b，液压油从P口进入阀体，经A口通向执行元件，而从执行元件流回的油液经B口进入阀体，并由回油口T流回油箱，执行元件在液压油作用下向某一规定方向运动；当滑阀处于左位时，见图3-4c，液压油经P、B口通向执行元件，回油则经A、T口流回油箱，执行元件在液压油作用下反向运动。控制时滑阀在阀体内作轴向移动，通过改变各油口间的连接关系，实现油液流动方向的改变，这就是滑阀式换向阀的工作原理。

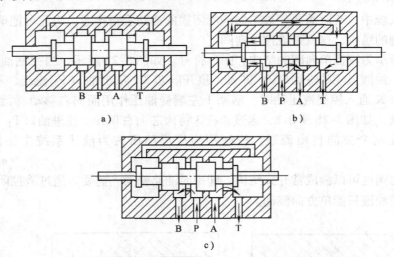

图3-4　三位四通滑阀式换向阀的换向工作原理图
a）滑阀处于中位　b）滑阀处于右位　c）滑阀处于左位

2. 换向阀的种类

换向阀种类很多，按阀芯在阀体孔内的工作位置数和换向阀所控制的油口通路数可分为二位二通、二位三通、二位四通、二位五通、三位四通和三位五通等类型；按换向阀的控制方式可分为手动、机动、电磁动、液动和电液动等类型；按阀芯运动方式可分为滑阀、转阀等类型。常用换向阀的图形符号如图3-5所示。

3. 换向阀的图形符号

换向阀的"位"是指阀芯在阀体内可停留的工作位置（从而得到不同的油口通接方式）。阀芯在阀体内有几个可以停留的工作位置就称为"几位"。换向阀的"通"是指阀体

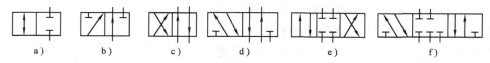

图 3-5　常用换向阀的图形符号

与外界相通的工作油口。阀体有几个工作油口就称为"几通"。

换向阀的图形符号含义如下：

1）用方格表示换向阀的工作位置，两格即二位，三格即三位。

2）与一个方格的相交点数为油口通路数，有几个交点为几通。方格内的箭头表示两油口相通，但不表示液流方向，符号"⊤"和"⊥"表示该油口不通流。

3）P 表示进油口，T 表示回油口，A 和 B 表示连接执行元件的油口，L 表示泄油口。

4）控制方式和复位弹簧的符号画在方格的两侧。

5）三位换向阀的中格和二位换向阀靠近弹簧的一格为常态位置，即阀芯未受到控制力作用时所处的位置；靠近控制符号的一格为控制力作用下所处的位置。在液压原理图中，一般按换向阀图形符号的常态位置绘制。

4. 常用换向阀

（1）手动换向阀　手动换向阀是用手动杠杆控制滑阀工作位置的换向阀，有二位二通、二位四通和三位四通等多种形式。图 3-6a 所示为一种三位四通自动复位手动换向阀。当手柄上端向左扳时，阀芯 2 向右移动，进油口 P 和油口 A 接通，油口 B 和回油口 T 接通。当手柄上端向右扳时，阀芯左移，这时进油口 P 和油口 B 接通，油口 A 通过环形槽、阀芯中心通孔与回油口 T 接通，实现换向。松开手柄时，右端的弹簧使阀芯回复到中间位置，断开油路。这种换向阀不能定位在左、右两端位置上，图形符号如图 3-6b 所示。如需滑阀在左、中、右三个位置上均可定位，可将弹簧换成定位装置，定位装置结构如图 3-6c 所示，图形符号如图 3-6d 所示。

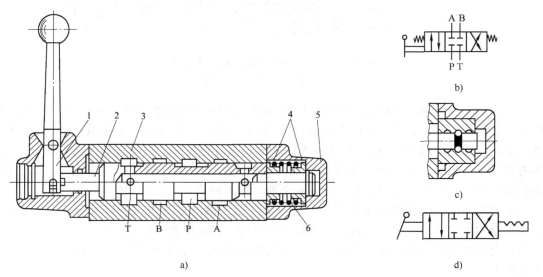

图 3-6　三位四通手动换向阀及图形符号

1—手柄　2—滑阀（阀芯）　3—阀体　4—套筒　5—端盖　6—弹簧

　　（2）机动换向阀　机动换向阀又称行程换向阀，它主要用来控制机械运动部件的行程。它借助于安装在工作台上的行程挡块压下顶杆或滚轮使阀芯移动来控制液流方向和油路通、断的。机动换向阀常为二位阀，它有二通（常闭和常开）、三通、四通等几种。图3-7所示为二位二通常闭式行程换向阀。当挡块压下滚轮1经推杆2使阀芯3移至下端时，油口P和A相通。挡块移开时，阀芯靠其底部的弹簧4复位。机动换向阀动作可靠，改变挡块斜面的角度α可改变换向时阀芯的移动速度，因而可以调节换向过程的快慢。

　　（3）电磁换向阀　电磁换向阀简称电磁阀，是利用电磁铁吸合时产生推动力来改变阀芯工作位置的换向阀。图3-8所示为二位三通电磁换向阀。当电磁铁通电时，衔铁通过推杆1将阀芯2推向右端，进油口P与油口B接通，油口A被关闭。当电磁铁断电时，弹簧3将阀芯推向左端，油口B被关闭，进油口P与油口A接通。

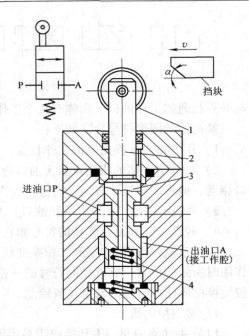

图3-7　二位二通行程换向阀及图形符号
1—滚轮　2—推杆　3—阀芯　4—弹簧

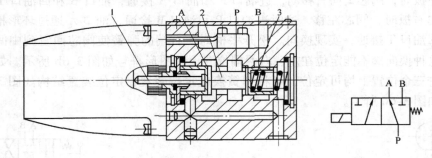

图3-8　二位三通电磁换向阀及图形符号
1—推杆　2—阀芯　3—弹簧

　　图3-9为三位四通电磁换向阀的结构原理图。当右侧的电磁线圈4通电时，吸合衔铁5将阀芯2推向左位，这时进油口P和油口A接通，油口B与回油口T相通；当左侧的电磁铁通电时（右侧电磁铁断电），阀芯被推向右位，这时进油口P和油口B接通，油口A经阀体内部管路与回油口T相通，实现执行元件的换向；当两侧电磁铁都不通电时，阀芯在两侧弹簧3的作用下处于中间位置，这时4个油口均不相通。

　　电磁换向阀的电磁铁可用按钮、行程开关、压力继电器等电气元件控制，无论位置远近，控制均很方便，且易于实现动作转换的自动化，因而得到广泛的应用。根据使用电源的不同，电磁换向阀分为交流和直流两种。电磁换向阀用于流量不超过$1.05 \times 10^{-3} \mathrm{m}^3/\mathrm{s}$的液压系统中。

　　（4）液动换向阀　液动换向阀是利用控制油路的液压油来推动阀芯实现换向的，由于液压力操作对阀芯的推力大，因此适用于流量较大的场合。

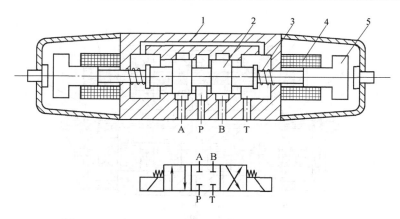

图 3-9　三位四通电磁换向阀结构原理图及图形符号
1—阀体　2—阀芯　3—弹簧　4—电磁线圈　5—衔铁

图 3-10 所示为三位四通液动换向阀的工作原理图。它是靠液压油推动阀芯，改变工作位置实现换向的。当控制油路的液压油从阀右边控制油口 K_2 进入右控制油腔时，推动阀芯左移，使进油口 P 与油口 B 接通，油口 A 与回油口 T 接通；当液压油从阀左边控制油口 K_1进入左控制油腔时，推动阀芯右移，使进油口 P 与油口 A 接通，油口 B 与回油口 T 接通，实现换向；当两控制油口 K_1 和 K_2 均不通控制液压油时，阀芯在两端弹簧作用下居中，回复到中间位置。

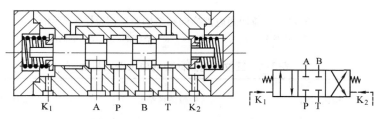

图 3-10　三位四通液动换向阀工作原理图及图形符号

（5）电液换向阀　电液换向阀由电磁换向阀和液动换向阀组合而成。其中电磁换向阀起先导作用，称为先导阀，用来控制液流的流动方向，从而改变液动换向阀（称为主阀）的阀芯位置，实现用较小的电磁铁来控制较大的液流。

图 3-11 所示为三位四通电液换向阀的结构原理图及图形符号。当先导阀右端电磁铁通电时，阀芯左移，控制油路的液压油进入主阀右控制油腔，使主阀阀芯左移（左控制油腔油液经先导阀泄回油箱），使进油口 P 与油口 B 相通，油口 A 与回油口 T 相通；当先导阀左端电磁铁通电时，阀芯右移，控制油路的液压油进入主阀左控制油腔，推动主阀阀芯右移（主阀右控制油腔的油液经先导阀泄回油箱），使进油口 P 与油口 A 相通，油口 B 与回油口T 相通，实现换向。

5. 三位换向阀的中位滑阀机能

当三位换向阀的阀芯处于中间位置时，其各油口间有各种不同的连通方式，这种连通方式称为中位滑阀机能。三位四通换向阀常用的几种中位机能见表 3-1。

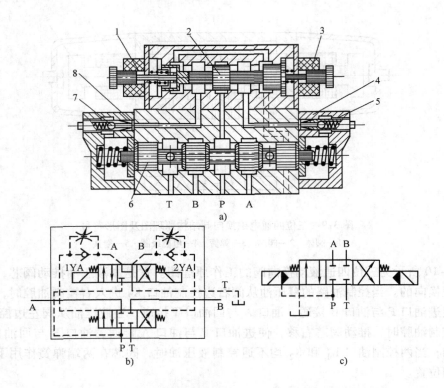

图 3-11 三位四通电液换向阀结构原理图及图形符号

1、3—电磁铁 2、6—阀芯 4、8—节流阀 5、7—单向阀

表 3-1 三位四通换向阀的中位滑阀机能

中位代号	结构原理图	中位图形符号	中位滑阀机能特点
O			各油口全封闭，液压缸锁紧；液压泵及系统不卸荷，并联的其他执行元件的运动不受影响
H			各油口全连通，液压泵及系统卸荷，活塞在液压缸中浮动
Y			进油口封闭，液压缸两腔与回油口连通（经内部通路，图中未示出），活塞在液压缸中浮动，液压泵及系统不卸荷

（续）

中位代号	结构原理图	中位图形符号	中位滑阀机能特点
P			回油口封闭，进油口与液压缸两腔连通，液压泵及系统不卸荷。可实现差动连接
M			进油口与回油口连通，液压缸锁紧，液压泵及系统卸荷

第二节　压力控制阀

在液压系统中，控制油液压力高低或利用压力变化实现某种动作的控制阀统称为压力控制阀。它们的共同特点是：利用油液的液压作用力与弹簧力相平衡的原理来进行工作。按照用途不同可分为溢流阀、减压阀、顺序阀和压力继电器等。

一、溢流阀

溢流阀有多种用途，其主要用途是在溢去系统多余油液的同时使系统压力得到调整并保持基本恒定。溢流阀通常接在液压泵出口处的油路上。

按结构和工作原理不同，溢流阀可分为直动式溢流阀和先导式溢流阀两类。

1. 直动式溢流阀

直动式溢流阀的结构如图 3-12 所示，其工作原理如图 3-13 所示。由图可知，当作用于阀芯底面的液压作用力 $pA < F_{簧}$ 时，阀芯在弹簧弹力作用下往下移并关闭回油口，没有油液流回油箱。当系统压力 $pA > F_{簧}$ 时，弹簧被压缩，阀芯上移，打开回油口，部分油液流回油箱，限制压力继续升高，使液压泵出口处压力保持 $p = F_{簧}/A$ 恒定值。调节弹簧力 $F_{簧}$ 的大小，即可调节液压系统压力的大小。

直动式溢流阀结构简单、制造容易、成本低，但油液压力直接靠弹簧平衡，所以压力稳定性较差，动作时有振动和噪声；此外，系统压力较高时，要求弹簧刚度大，使阀的开启性能变坏。所以直动式溢流阀只用于低压液压系统中。

2. 先导式溢流阀

先导式溢流阀的结构如图 3-14 所示，由先导阀Ⅰ和主阀Ⅱ两部分组成。先导阀实际上是一个小流量的直动式溢流阀，阀芯是锥阀，用来控制压力；主阀阀芯是滑阀，用来控制溢流流量。

其工作原理如图 3-15 所示。液压油 p 经进油口 P、通道 a 进入主阀芯 5 底部油腔 A，并经节流小孔 b 进入上部油腔，再经通道 c 进入先导阀右侧油腔 B，给锥阀 3 以向左的作用力，调压弹簧 2 给锥阀以向右的弹簧力。在稳定状态下，当油液压力 p_1 较小时，作用于锥阀

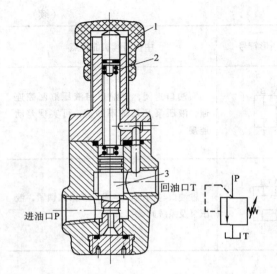

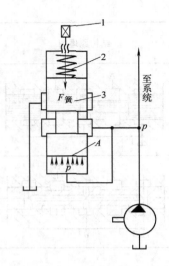

图 3-12　直动式溢流阀的结构及图形符号
1—调压螺母　2—弹簧　3—阀芯

图 3-13　直动式溢流阀的工作原理图
1—调压螺母　2—弹簧　3—阀芯

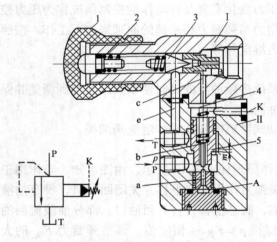

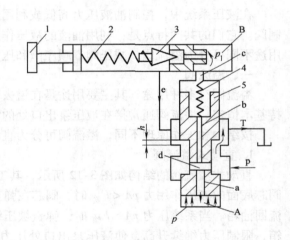

图 3-14　先导式溢流阀的结构及图形符号
1—调节螺母　2—调压弹簧　3—锥阀
4—主阀弹簧　5—主阀芯

图 3-15　先导式溢流阀的工作原理图
1—调节螺母　2—调压弹簧　3—锥阀
4—主阀弹簧　5—主阀芯

上的液压作用力小于弹簧力，先导阀关闭。此时，没有油液流过节流小孔 b，油腔 A、B 的压力相同，在主阀弹簧 4 的作用下，主阀芯处于最下端位置，回油口 T 关闭，没有溢油。当油液压力 p_1 增大，使作用于锥阀上的液压作用力大于弹簧 2 的弹簧力时，先导阀开启，油液经通道 e、回油口 T 流回油箱。这时，液压油流经节流小孔 b 时产生压力降，使 B 腔油液压力 p_1 小于油腔 A 中油液压力 p，由此压力差（$p-p_1$）产生的向上作用力超过主阀弹簧 4 的弹簧力并克服主阀芯自重和摩擦力时，主阀芯向上移动，接通进油口 P 和回油口 T，溢流阀溢油，使油液压力 p 不超过设定压力。p 随溢流而下降，p_1 也随之下降，直到作用于锥阀上的液压作用力小于弹簧 2 的弹簧力时，先导阀关闭，节流小孔 b 中没有油液流过，$p_1=p$，主阀芯在主阀弹簧 4 作用下往下移动，关闭回油口 T，停止溢流。这样，在系统压力超过固定压力时，溢流阀溢油，不超过时则不溢油，起到限压、溢流作用。

先导式溢流阀设有远程控制口 K，见图 3-14，可以实现远程调压（与远程调压阀接通）或卸荷（与油箱接通），不用时封闭。

先导式溢流阀压力稳定、波动小，主要用于中压液压系统中。

3. 溢流阀的应用

（1）作溢流调压用　在采用定量泵供油的液压系统中，若由流量控制阀调节进入执行元件的流量，定量泵输出的多余油液则从溢流阀口溢回油箱，溢流阀在工作过程中是常开的，此时液压泵的出口压力即溢流阀的调定压力，且基本上保持恒定，如图 3-16a 所示溢流阀 1。

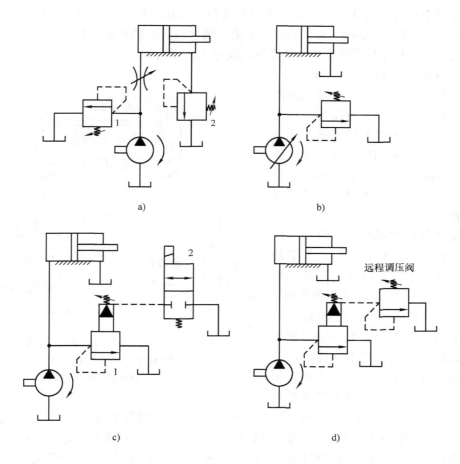

图 3-16　溢流阀的应用

（2）作安全保护用　图 3-16b 所示为一变量泵供油系统。执行元件速度由变量泵自身调节，系统中无多余油液需要溢去，系统工作压力随负载变化而变化。正常工作时，溢流阀口关闭。一旦过载，溢流阀口立即打开，使油液流回油箱，系统压力不再升高。这里的溢流阀起安全保护作用。

（3）作卸荷阀用　如图3-16c所示为用先导式溢流阀调压的定量泵供油液压系统。将先导式溢流阀远程控制口K通过二位二通电磁换向阀与油箱连接。当电磁铁断电时，远程控制口被堵塞，溢流阀起溢流稳压作用；当电磁铁通电时，远程控制口K通油箱，主阀芯打开，阀口迅速开至最大，泵输出的油液全部回油箱，液压泵处于卸荷状态。

（4）作背压阀用　如图3-16a所示，将溢流阀2接在回油路上，可对回油产生阻力，在回油腔形成背压，背压力可通过溢流阀调定。利用背压可以提高执行元件的运动平稳性。

（5）用于远程调压　在前文的结构与工作原理介绍中已述及，具体回路如图3-16d所示。远程溢流阀的调定压力比主溢流阀调定压力低，在使用时接到油路上，不需要时拆下来，安装在方便拆装的位置。

二、减压阀

减压阀主要用来使液压系统某一支路获得较系统压力低的稳定压力，以满足执行机构（如夹紧、定位油路，制动、离合油路，系统控制油路等）的需要。按结构和工作原理，减压阀也有直动式和先导式两类，一般多采用先导式减压阀。

1. 减压阀的结构与工作原理

如图3-17所示为先导式减压阀的结构，其结构与先导式溢流阀的结构相似，也是由先导阀 I 和主阀 II 两部分组成。工作原理如图3-18所示。液压系统主油路的高压油液 p_1 从进油口 P_1 进入减压阀，经节流缝隙 h 减压后的低压油液 p_2 从出油口 P_2 输出，经分支油路送往执行机构。同时低压油液 p_2 经通道 a 进入主阀芯 5 下端油腔，又经节流小孔 b 进入主阀芯上端油腔，且经通道 c 进入先导阀锥阀 3 右端油腔，给锥阀一个向左的液压力。该液压力与调压弹簧 2 的弹簧力相平衡，从而控制低压油基本保持调定压力。当出油口的低压油 p_2 低于调定压力时，锥阀关闭，主阀芯上端油腔油

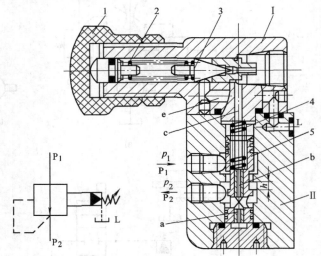

图3-17　先导式减压阀的结构及图形符号
1—调节螺母　2—调压弹簧　3—锥阀
4—主阀弹簧　5—主阀芯

液压力 $p_3 = p_2$，主阀弹簧 4 的弹簧弹力克服摩擦阻力将主阀芯推向下端，节流缝隙 h 增大，减压阀处于不工作状态。当分支油路负载增大时，p_2 升高，p_3 随之升高，当 p_3 超过调定压力时，锥阀打开，少量油液经锥阀口、通道 e，由泄油口 L 流回油箱。由于这时有油液流过节流小孔 b，产生压力降，使 $p_3 < p_2$。当此压力差所产生的向上作用力大于主阀芯重力、摩擦力、主阀弹簧力之和时，主阀芯向上移动，使节流缝隙 h 减小，节流加剧，p_2 随之下降，直到作用在主阀芯上各力相平衡，主阀芯便处于新的平衡位置，节流缝隙 h 保持一定的开启量。

减压阀与溢流阀相比较，主要区别是：减压阀的进、出油口位置与溢流阀相反；减压阀的先导阀控制出口油液压力，而溢流阀的先导阀控制进口油液压力。由于减压阀的进、出口

油液均有压力，所以其先导阀的泄油不能像溢流阀一样流入回油口，而必须设有单独的泄油口。减压阀主阀芯在结构上中间多一个凸肩（即三节杆），在正常情况下，减压阀阀口开得很大（常开），而溢流阀阀口则关闭（常闭）。

2. 减压阀的应用

减压阀在夹紧系统、控制系统和润滑系统中应用最多。图 3-19 是减压阀用于夹紧油路的原理图。液压泵除供给主油路液压油外，还经分支油路上的减压阀为夹紧提供较液压泵供油压力低且更稳定的液压油，其夹紧压力大小由减压阀来调节控制。

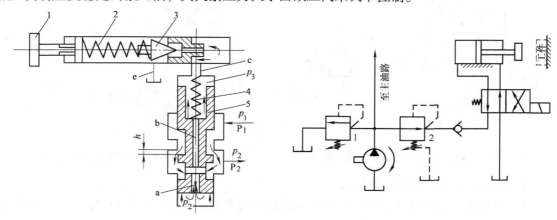

图 3-18　先导式减压阀工作原理图　　　　图 3-19　减压阀用于夹紧油路的原理图
1—调节螺母　2—调压弹簧　3—锥阀
4—主阀弹簧　5—主阀芯

三、顺序阀

顺序阀可利用系统压力变化来控制其阀口启闭，从而实现对各执行元件动作顺序的控制。按结构和工作原理，顺序阀也有直动式和液控顺序阀两类，一般多采用直动式顺序阀。当顺序阀是利用外来的控制油液控制阀口启闭时，就称为液控顺序阀。

1. 直动式顺序阀

直动式顺序阀的结构如图 3-20 所示，其结构和工作原理都和直动式溢流阀相似。液压油自进油口 P_1 进入阀体，经阀芯中间小孔流入阀芯底部油腔，对阀芯产生一个向上的液压作用力。当油液的压力较低时，液压作用力小于阀芯上部的弹簧弹力，在弹簧弹力作用下，阀芯处于下端位置，P_1 和 P_2 两油口被隔开。当油液的压力升高到作用于阀芯底端的液压作用力大于调定的弹簧力时，在液压作用力的作用下，阀芯上移，使进油口 P_1 和出油口 P_2 相通，液压油自 P_2 口流出，可控制另一执行元件动作。

2. 液控顺序阀

液控顺序阀的结构如图 3-21 所示，它与直动式顺序阀的主要差异在于阀芯下部有一个控制油口 K。当由控制油口 K 进入阀芯下端油腔的控制液压油产生的液压作用力大于阀芯上端调定的弹簧力时，阀芯上移，使进油口 P_1 和出油口 P_2 相通，液压油自 P_2 口流出，控制另一执行元件动作。

如将出油口 P_2 与油箱接通，顺序阀可用作卸荷阀。

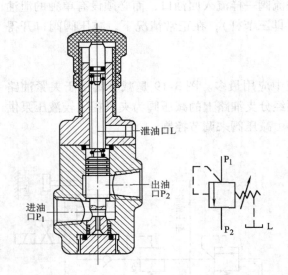

图 3-20　直动式顺序阀的结构及图形符号

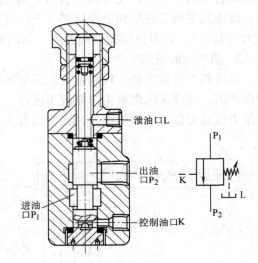

图 3-21　液控顺序阀的结构及图形符号

3. 顺序阀与溢流阀的主要区别

1）溢流阀出油口连通油箱，顺序阀的出油口通常是连接另一工作油路，因此，顺序阀的进、出口处的油液都是压力油。

2）溢流阀打开时，进油口的油液压力基本上是保持在调定压力值附近，顺序阀打开后，进油口的油液压力可以继续升高。

3）由于溢流阀出油口连通油箱，其内部泄油可通过出油口流回油箱，而顺序阀出油口油液为压力油，且通往另一工作油路，所以顺序阀的内部要有单独设置的泄油口 L。

4. 顺序阀的应用

图 3-22 所示为一定位夹紧油路（要求先定位后夹紧）。当换向阀左位接入油路时，液压油首先进入定位缸下腔，完成定位动作碰到固定挡铁以后，系统压力升高，达到顺序阀调定压力（为保证工作可靠，顺序阀的调定压力应比定位缸最高工作压力高 0.5～0.8MPa）时，顺序阀打开，液压油经顺序阀进入夹紧缸下腔，实现液压夹紧。当换向阀右位接入油路时，液压油同时进入定位缸和夹紧缸上腔，拔出定位销，松开工件。

四、压力继电器

压力继电器是将液压系统中的压力信号转换为电信号的转换装置，它的作用是：根据液压系统的压力变化，通过压力继电器的微动开关，自动接通或断开有关电路，以实现顺序动作或安全保护等。

图 3-23 为压力继电器的原理图。控制油口 K 与液压系统相连通，当油液压力达到调定值时，薄膜 1 在液压力作用下向上鼓起，使柱塞 5 上升，钢球 8 和 2 在柱塞锥面的推动下水平移动，通过杠杆 9 压下微动开关 11 的触销 10，接通电路，从而发出电信号。发出电信号时的油液压力可通过调节螺钉 7，改变弹簧 6 对柱塞的压力进行调定。当控制油口 K 的压力下降到一定数值时，弹簧 6 和 3（通过钢球 2）将柱塞压下，这时钢球 8 落入柱塞的锥面槽内，微动开关的触销复位，将杠杆推回，电路断开。

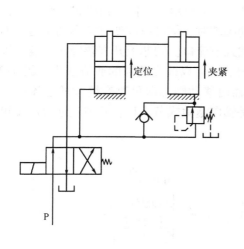

图 3-22　顺序阀的应用

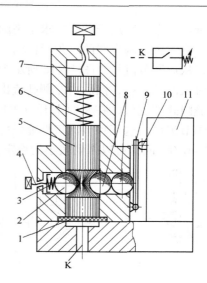

图 3-23　压力继电器的原理图及图形符号
1—薄膜　2、8—钢球　3、6—弹簧　4、7—调节螺钉
5—柱塞　9—杠杆　10—触销　11—微动开关

第三节　流量控制阀

　　流量控制阀通过改变节流口的大小调节通过阀口的流量，以控制执行元件的运动速度，通常用于定量液压泵的液压系统中。常用的流量控制阀有节流阀、调速阀、分流阀等。其中节流阀是最基本的流量控制阀。

一、流量控制阀的流量特性

1. 流量控制原理

　　油液流经小孔、狭缝或毛细管时，会产生较大的液阻，通流面积越小，油液受到的液阻越大，通过阀口的流量就越小。所以，改变节流口的通流面积，使液阻发生变化，就可以调节流量的大小，这就是流量控制原理。大量实验证明，节流口的流量特性可以用下式表示为

$$q_V = KA_0 \ (\Delta p)^n \tag{3-1}$$

式中　q_V——通过节流口的流量（m^3/s）；

　　　A_0——节流口的通流面积（m^2）；

　　　Δp——节流口前后的压力差（Pa）；

　　　K——流量系数，随节流口的形式和油液的粘度而变化；

　　　n——节流口形式参数，一般在 0.5~1 之间，节流路程短时取小值，节流路程长时取大值。

2. 节流口的结构形式

　　节流口的形式很多，图 3-24 所示为常用的几种。图 3-24a 所示为针阀式节流口，阀芯做轴向移动时，改变环形通流面积的大小，从而调节了流量。图 3-24b 所示为偏心式节流口，在阀芯上开有一个截面为三角形（或矩形）的偏心槽，当转动阀芯时，就可以通过调节通流面积大小而调节流量。这两种形式的节流口结构简单，制造容易，但节流口容易堵

塞，流量不稳定，适用于性能要求不高的场合。图3-24c 所示为轴向三角槽式节流口，在阀芯端部开有一个或两个斜的三角形沟槽，轴向移动阀芯时，就可以改变三角形沟槽通流面积的大小，从而调节流量。图3-24d 所示为周向缝隙式节流口。阀芯上开有狭缝，油液可以通过狭缝流入阀芯内孔，然后由左侧孔流出，旋转阀芯就可以改变缝隙的通流面积。图3-24e 为轴向缝隙式节流口，在套筒上开有轴向缝隙，轴向移动阀芯即可改变缝隙的通流面积大小，以调节流量。这三种节流口性能较好，尤其是轴向缝隙式节流口，其节流通道厚度可薄到 0.07 ~ 0.09mm，可以得到较小的稳定流量。

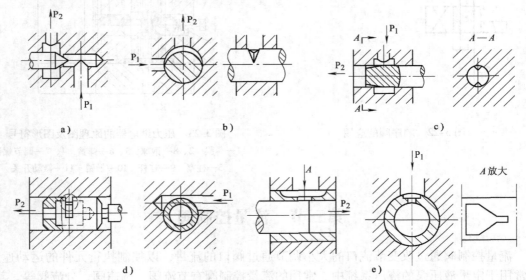

图 3-24　节流口的形式

a）针阀式　b）偏心式　c）轴向三角槽式　d）周向缝隙式　e）轴向缝隙式

二、节流阀

常用的节流阀有：可调节流阀、不可调节流阀、可调单向节流阀和减速阀等。

1. 可调节流阀

图 3-25 为可调节流阀的结构图。节流口采用轴向三角槽形式，液压油从进油口 P_1 流入，经通道 b、阀芯 3 右端的节流沟槽和通道 a 从出油口 P_2 流出。转动手柄 1，通过推杆 2

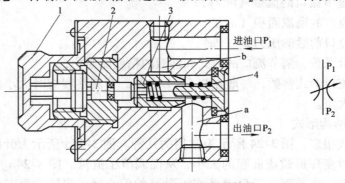

图 3-25　可调节流阀及图形符号

1—手柄　2—推杆　3—阀芯　4—弹簧

使阀芯作轴向移动，可改变节流口的通流面积，实现流量的调节。弹簧 4 的作用是使阀芯向左抵紧在推杆上。这种节流阀的结构简单、制造容易、体积小，但负载和温度的变化对流量的稳定性影响较大，因此只适用于负载和温度变化不大或执行机构速度稳定性要求较低的液压系统。

2. 可调单向节流阀

图 3-26 为可调单向节流阀的结构图。从作用原理来看，可调单向节流阀是可调节流阀和单向阀的组合，在结构上是利用一个阀芯同时起节流阀和单向阀的两种作用。当液压油从油口 P_1 流入时，油液经阀芯上的轴向三角槽节流口从油口 P_2 流出，旋转手柄可改变节流口通流面积大小而调节流量。当液压油从油口 P_2 流入时，在油压作用下，阀芯下移，液压油从油口 P_1 流出，起单向阀作用。

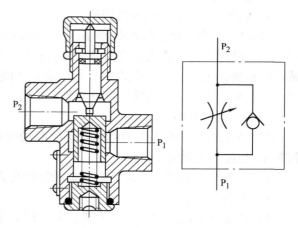

图 3-26　可调单向节流阀及图形符号

3. 减速阀

减速阀是滚轮控制可调节流阀，又称为行程节流阀。其原理是通过行程挡块压下滚轮，使阀芯下移改变节流口通流面积，减小流量而实现减速。图 3-27 所示为一种与单向阀组合的减速阀，这种单向减速阀又称为单向行程节流阀，它可以满足机床液压进给系统的快进、工进、快退工作循环的需要。

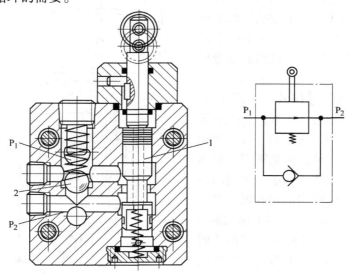

图 3-27　单向减速阀及图形符号
1—阀芯　2—钢球

（1）快进　快进时，阀芯 1 未被压下，液压油从油口 P_1 不经节流口流往油口 P_2，执行元件快进。

（2）工进　当行程挡块压在滚轮上，使阀芯下移一定距离，将通道大部分遮断，由阀芯上的三角槽节流口调节流量，实现减速，执行元件慢进（工作进给）。

（3）快退　液压油液从油口 P_2 进入，推开单向阀阀芯2（钢球），油液直接由 P_1 流出，不经节流口，执行元件快退。

4. 影响节流阀流量稳定的因素

节流阀是利用油液流动时的液阻来调节阀的流量的。产生液阻的方式有两种，一种是薄壁小孔、缝隙节流，造成压力的局部损失；另一种是细长小孔（毛细管）节流，造成压力的沿程损失，实际上各种形式的节流口是介于两者之间。一般希望在节流口通流面积调好后，流量稳定不变，但实际上流量会发生变化，尤其是流量较小时变化更大。影响节流阀流量稳定的因素主要如下：

1）节流阀前后的压力差。随外部负载的变化，节流阀前后的压力差 Δp 将发生变化，流量 q_V 也随之变化而不稳定。

2）节流口的形式。节流口的形式将影响流量系数 K 和参数 n。

3）节流口堵塞。

4）油液的温度。损失的压力能通常转换为热能，油液的发热会使油液粘度发生变化，导致流量系数 K 变化，而使流量变化。

由于上述因素的影响，使用节流阀调节执行元件运动速度时，其速度将随负载和温度的变化而波动。在速度稳定性要求高的场合，则要使用流量稳定性好的调速阀。

三、调速阀

1. 调速阀的组成及其工作原理

调速阀由一个定差减压阀和一个可调节流阀串联组合而成。用定差减压阀来保证可调节流阀前后的压力差 Δp 不受负载变化的影响，从而使通过节流阀的流量保持稳定。

图3-28 所示为调速阀的工作原理图。液压油 p_1 经节流减压后以压力 p_2 进入节流阀，然后以压力 p_3 进入液压缸左腔，推动活塞以速度 v 向右运动，节流阀前后的压力差 $\Delta p = p_2 - p_3$。减压阀阀芯1上端的油腔 b 经通道 a 与节流阀出油口相通，其油液压力为 p_3；其肩部油腔 c 和下端油腔 d 经通道 f 和 e 与节流阀进油口（即减压阀出油口）相通，其油液压力为 p_2。当作用于液压缸的负载 F 增大时，压力 p_3 也增大，作用于减压阀阀芯上端的液压力也随之增大，使阀芯下移，减压阀进油口处的开口加大，压力降减小，因而使减压阀出口（节流阀进口）处压力 p_2 增大，结果保

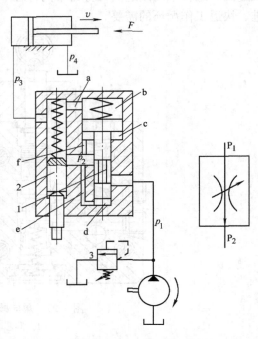

图 3-28　调速阀的工作原理图及图形符号
1—减压阀阀芯　2—节流阀阀芯　3—溢流阀

持了节流阀前后的压力差 $\Delta p = p_2 - p_3$ 基本不变，当负载减小时，压力 p_3 减小，减压阀阀芯上端油腔压力减小，阀芯在油腔 c 和 d 中液压油（压力为 p_2）的作用下上移，使减压阀进油口处开口减小，压力降增大，因而使 p_2 随之减小，结果仍保持节流阀前后压力差 $\Delta p = p_2 - p_3$ 基本不变。

因为减压阀阀芯上端油腔 b 的有效作用面积 A 与下端油腔 c 和 d 的有效作用面积相等，所以在稳定工作时，不计阀芯的自重及摩擦力的影响，减压阀阀芯上的力平衡方程为

$$p_2 - p_3 = \frac{F_\text{簧}}{A} \tag{3-2}$$

或
$$p_2 A = p_3 A + F_\text{簧} \tag{3-3}$$

式中　p_2——节流阀前（即减压阀后）的油液压力（Pa）；

　　　p_3——节流阀后的油液的压力（Pa）；

　　　$F_\text{簧}$——减压阀弹簧的弹簧作用力（N）；

　　　A——减压阀阀芯大端有效作用面积（m^2）。

因为减压阀阀芯弹簧很软（刚度很低），且工作过程中阀芯移动量很小，弹簧力 $F_\text{簧}$ 也就基本不变，故节流阀前后的压力差基本不变而为一常量，也就是说当负载变化时，通过调速阀的油液流量基本不变，液压系统执行元件的运动速度保持稳定。

2. 调速阀的结构

图 3-29 是调速阀的结构图。调速阀由阀体 3、减压阀阀芯 7、减压阀弹簧 6、节流阀阀芯 4、节流阀弹簧 5、调速杆 2 和调速手柄 1 等组成。液压油 p_1 从进油口进入环形通道 f，经减压阀阀芯处的狭缝减压为 p_2 后到环形槽 e，再经孔 g 的节流阀阀芯的轴向三角槽节流后变成 p_3，由油腔 b、孔 a 从出油口流出（图中未示出）。节流阀前的液压油经孔 d 进入减压阀阀芯大端的右腔，并经阀芯的中心通孔流入阀芯小端的右腔。节流阀后的液压油 p_3 经孔 a 和孔 c（孔 a 到孔 c 的通道图中未示出）进入减压阀阀芯大端的左腔。转动调速手柄通过调节杆可使节流阀阀芯轴向移动，调节所需的流量。

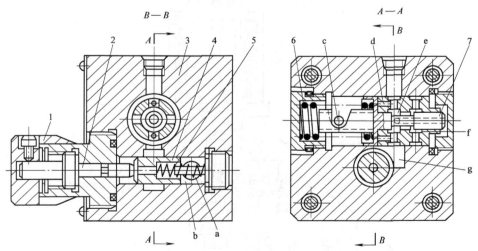

图 3-29　调速阀的结构

1—调速手柄　2—调速杆　3—阀体　4—节流阀阀芯
5—节流阀弹簧　6—减压阀弹簧　7—减压阀阀芯

其他常用的调速阀还有与单向阀组合而成的单向调速阀和可减小温度变化对流量稳定性影响的温度补偿调速阀等。

第四节　比例阀、插装阀和叠加阀

比例阀、插装阀和叠加阀是近20年来发展出的新型液压控制阀，与普通液压控制阀相比，它们具有许多显著的优点。因此，随着技术的进步，这些新型液压元件必将以更快的速度发展，并广泛应用于各类设备的液压系统中。

一、比例阀

比例阀也称电液比例控制阀，它是利用输入的电信号连续地、按比例地控制液压系统中的流量、压力和方向的控制阀，是介于普通阀和伺服阀之间的一种液压控制元件。比例阀由直流比例电磁铁与液压控制阀两部分组成，相当于在普通液压控制阀上装上直流比例电磁铁以取代原有的手调装置。与普通液压阀相比，其输出参数精度高，且能进行连续控制，可使系统简化并提高自动化程度。因此，近年来比例阀在国内外发展较快。比例阀按其控制的参数可分为：比例压力阀、比例流量阀和比例方向阀三大类。

图3-30所示为比例溢流阀，与先导式溢流阀的区别是它用一个直流比例电磁铁取代先导式溢流阀的手动调节装置。其工作原理是：当输入一个电信号时，比例电磁铁1便产生一个相应的电磁力，它通过推杆2和弹簧3的作用，使锥阀4接触在阀座5上，因此打开锥阀的液压力与电流成正比，形成一个比例先导压力阀。孔a为主阀阀芯6的阻尼孔，由先导式溢流阀工作原理和对溢流阀阀芯6上的受力分析可知，比例溢流阀进口压力的高低与输入信号电流的大小成正比，即进口油压受输入电磁铁的电流大小控制。若输入信号电流是连续地、按比例地或按一定程序变化，则比例溢流阀所调节的液压系统压力也将连续地、按比例地或按一定程序地进行变化，从而将手动调节溢流阀改为由电信号控制的溢流阀。

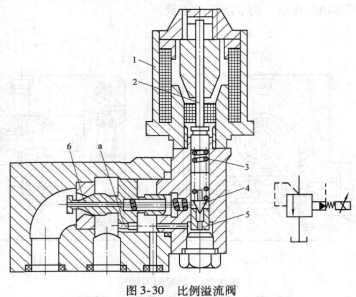

图3-30　比例溢流阀
1—电磁铁　2—推杆　3—弹簧　4—锥阀　5—阀座　6—主阀阀芯

　　比例溢流阀能作高精度、远距离压力控制。由于它的响应速度较快、且压力变换连续，因此可减少压力变换的冲击，并能减少系统中元件的数量，而且它抗污染能力强，工作可靠，价格较低，所以比例溢流阀目前应用较为广泛，多用于轧板机、注射成型机和液压机的液压系统中。若将此比例先导阀与减压阀、顺序阀的主阀相配，便可组成比例减压阀、比例顺序阀。

二、插装阀

　　插装阀也称二通插装阀、逻辑阀、锥阀，它的标准化和通用化程度高，其特点是通流能力大，阀芯动作灵敏，密封性能好。一般在高压大流量系统中，采用此阀有较好的经济性。

　1. 结构和工作原理

　　图 3-31 所示为插装式锥阀的结构和图形符号，它由控制盖板 1、插装主阀（由阀套 2、弹簧 3、阀芯 4 等组成）、插装阀体 5 和先导阀（置于控制盖板上，图中未画出）组成。其阀芯为锥形，根据不同需要，阀芯的锥端可开阻尼孔或节流三角槽等。插装主阀采用插装式连接，盖板将插装主阀装在插装阀体内，并连通先导阀和主阀。主阀的启闭可控制主油路的通、断。使用不同的先导阀和控制盖板可构成压力控制阀、方向控制阀或流量控制阀等。

　　就工作原理而言，插装式锥阀相当于一个液控单向阀。A 和 B 为主油路工作油口（故称二通插装阀），K 为控制油口，改变控制油口的通、断状态和压力大小，即可控制主阀的启闭和油口 A、B 流向与压力等。

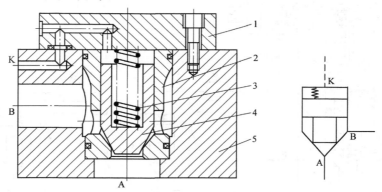

图 3-31　插装式锥阀及图形符号
1—控制盖板　2—阀套　3—弹簧　4—阀芯　5—阀体

　2. 插装式方向控制阀

　　（1）单向阀　图 3-32 为插装阀用作单向阀。将控制油口 K 与油口 A 相通，设 A、B 两油口油液压力分别为 p_A 和 p_B，当 $p_A > p_B$ 时，锥阀关闭，油口 A 和 B 不通；当 $p_A < p_B$ 时，且 $p_B - p_A$ 到达一定数值（开启压力）时，锥阀开启，油液从油口 B 流向油口 A，构成油液可从油口 B 流向油口 A 的单向阀。若控制油口 K 与油口 B 相通，则油口 A、B 的断通情况与上述相反。

　　（2）换向阀　图 3-33 所示为插装阀用作二位三通换向阀。用一个小规格二位三通电磁换向阀作先导阀控制油口 K 的压力，就可构成高压大流量二位二通电液换向阀。在图示状态下，油液不能从油口 A 流向油口 B，而可以从油口 B 流向油口 A；当电磁铁通电后，油口 A、B 相通，油液可以自由流动。

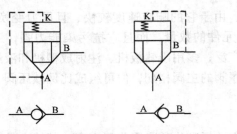

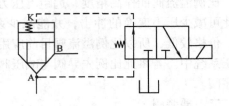

图 3-32　插装阀用作单向阀　　　　　　　图 3-33　插装阀用作二位三通换向阀

3. 插装式压力控制阀

插装式压力控制阀是由插装式锥阀和先导阀（直动式溢流阀）组成，其结构如图 3-34a 所示。它的工作原理和先导式溢流阀相似。当油口 A 处压力较低时，先导阀关闭，锥阀也关闭；当油口 A 处压力达到先导阀调定压力时，先导阀开启，油液流经锥阀芯阻尼孔，在锥阀芯两端形成压力差，锥阀芯在压力差作用下克服弹簧弹力上移而使溢流阀口开启，相应起到溢流稳压作用。图 3-34b 为插装式溢流阀的图形符号。

若油口 B 不接回油而接负载，则构成插装式顺序阀；若用小流量电液比例溢流阀作先导阀，则可构成图 3-34c 所示的插装式电液比例溢流阀等。

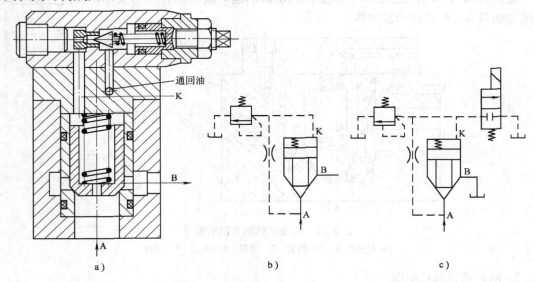

图 3-34　插装式压力控制阀及图形符号

4. 插装式流量控制阀

在用作插装式方向控制阀的控制盖板上，增加阀芯行程调节器（螺杆），以调节阀口的大小，这种方向阀就兼有节流阀的功能（阀芯锥端上开有三角槽，以便调节开口大小）。图 3-35 为插装式流量控制阀的结构和图形符号。若用比例电磁铁取代节流阀的手调装置，则可构成插装式电液比例节流阀；若在插装式节流阀前串联一个定差减压阀，则可构成插装式调速阀。

三、叠加阀

叠加阀是近十几年在板式阀集成化的基础上发展起来的，以阀体本身作为连接体，不需要另外的连接体。同一通径的叠加阀，其油口和螺栓孔的大小、位置及数量都与相匹配的板式换向阀相同，只要将同一通径的叠加阀按一定次序叠加起来，再加上电磁阀或电液换向阀，然后用螺栓紧固，即可组成各种典型液压系统。

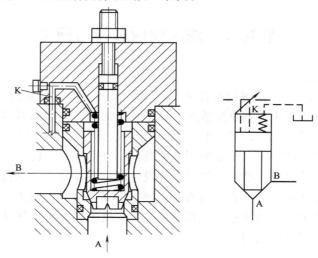

图 3-35　插装式流量控制阀及图形符号

叠加阀现有五个通径系列：$\phi 6mm$、$\phi 10mm$、$\phi 16mm$、$\phi 20mm$、$\phi 32mm$，额定压力为 20MPa，额定流量为 $10 \sim 200L/min$。叠加阀同一般液压阀一样，也分为压力控制阀、流量控制阀和方向控制阀，其中方向控制阀只有单向阀，换向阀不属于叠加阀。

叠加阀的工作原理与普通液压阀相同，仅是具体结构有所不同。下面以溢流阀为例来说明一般叠加阀的结构。

图 3-36 为先导叠加式溢流阀的结构原理图。它由先导阀和主阀两部分组成。其工作原理为：当液压油从 P 口进入压力腔 e 后，作用在主阀芯 6 右端，并经阻尼孔 d 进入主阀芯腔 b，再通过阻尼孔 a 作用于先导阀的锥阀芯 3 上。当进油压力低于阀的调整压力时，锥阀关闭，主阀也关闭，阀内油液不流动。当进油压力升高到阀的调整压力时，锥阀芯被打开，这时主阀芯腔 b 的油液经阻尼孔 a、锥阀口和回油小孔 c 流入 T 口，同时油液从压力腔 e 经阻尼孔 d 流动，使主阀芯的两端油液产生压力差，此压力差使主阀芯克服弹簧 5 的弹力和摩擦力而左移，阀口打开，实现了从 P 口向 T 口的溢流。调节弹簧 2 的预压缩量，便调节了该阀的调整压力，即溢流压力。

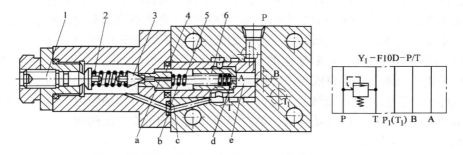

图 3-36　先导叠加式溢流阀的结构原理

1—调压螺钉　2—调压弹簧　3—锥阀芯　4—阀座　5—主阀弹簧　6—主阀芯

a、d—阻尼孔　b—主阀芯腔　c—回油小孔　e—压力腔

从上述可看出，先导叠加式溢流阀与普通先导式溢流阀不仅原理相同，而且其结构也相似。

第五节　液压阀的选择与使用

一、液压阀的选择

任何一个液压系统中，正确地选择液压阀，是保证系统设计合理、性能优良、安装简便、维修容易和能够正常工作的重要条件。除按系统的功能需要选择各种类型的液压阀外，还需考虑额定压力、通过流量、安装形式、操纵方式、结构特点，以及经济性等因素。

首先根据系统的功能要求，确定液压阀的类型。根据实际安装情况，选择不同的连接方式，例如管式或板式连接等。然后，根据系统设计的最高工作压力选择液压阀的额定压力，根据通过液压阀的最大流量选择液压阀的流量规格。如溢流阀应按液压泵的最大流量选取；流量阀应按回路控制的流量范围选取，其最小稳定流量应小于调速范围所要求的最小稳定流量。应尽量选择标准系列的通用产品。

1. 方向控制阀的选取

应根据系统工作的要求来选取方向控制阀的种类。例如，要求油液只能向一个方向流动，不能反向流动时，应选用单向阀；再如，执行元件要完成"快进—工进—快退—停止"的工作循环或往复频繁运动时，通常应选用换向阀来变换油液流动的方向，接通或关闭油路；如果要求执行元件完成"进—退—停"工作循环时，应选择三位阀；倘若只完成两种工作状态，即进给和退回，则应选用二位阀。还可根据系统的工作状态和阀的特点选取方向控制阀。例如运动部件质量小，换向精度要求不高，流量小于63L/min 时，应选择电磁换向阀，因为这种阀换向冲击大，所以只允许通过小流量，不适宜大流量通过；如果运动部件质量大，速度变化范围较大，换向要求平稳，流量大于63L/min 时，应选用换向平稳又无冲击的电液换向阀；如果系统中具有锁紧回路，应选择密封性能好的液控单向阀，而不选择密封性差的换向阀。

2. 压力控制阀的选取

压力控制阀用于控制液压系统的压力，因此应根据液压系统的工作状态、对压力的要求和控制阀在系统中的功用来选取。例如在定量泵节流调速系统中，执行元件的运动速度依靠节流阀控制；为了保持泵的工作压力基本恒定，应选用溢流阀进行稳压溢流；为了防止系统过载，可在泵的出口处并联一个溢流阀，用于保护泵和整个系统的安全；若系统中有减压回路时，必须使用减压阀将高压回路的压力减为低压；若系统中采用压力控制各部件的先后顺序动作时，应使用顺序阀，将顺序阀的压力调定为要求的压力值，从而控制部件的动作顺序，也可采用压力继电器，将液压力转换为电信号，来控制各部件的先后顺序动作；如果要求执行元件运动平稳，应在回路上设置背压阀，以形成一定的回油阻力，可大大地提高执行元件的运动平稳性。溢流阀、顺序阀、单向阀和节流阀均可作背压阀使用。

3. 流量控制阀的选取

主要根据液压系统的工作状态和流量阀的特点来选用流量控制阀，用以控制执行元件的运动速度。例如执行元件要求速度稳定，而且不产生爬行，应选择调速阀，在选择调速阀的规格时注意，调速阀的最小稳定流量满足执行元件的最低速度要求，也就是说调速阀的最小稳定流量应小于执行元件所需的最小流量；若流量稳定性要求特别高，或用于微量进给的情况下，应选择温度补偿式调速阀。

二、液压阀的常见故障分析及排除方法

液压阀产生故障的原因有：元件选择不当、元件设计不佳、零件加工精度低和装配质量差、弹簧刚度不能满足要求、密封件质量差，另外还有油液过脏和油温过高等因素。

液压阀在液压系统中的作用非常重要，故障种类很多。只要掌握各类阀的工作原理，熟悉它们的结构特点，分析故障原因，查找故障不会有太大困难。表 3-2 ~ 表 3-8 分别列举了方向控制阀、压力控制阀、流量控制阀的常见故障、原因及排除方法。

表 3-2　单向阀的故障、原因及排除方法

故障现象	产　生　原　因	排　除　方　法
产生异常的声音	1. 油的流量超过允许值 2. 与其他阀共振 3. 在卸压单向阀中，用于立式大液压缸等的回油，没有卸压装置	1. 更换额定流量大的阀 2. 可略微改变阀的额定压力，也可试调弹簧的强弱 3. 补充卸压装置回路
阀与阀座有严重泄漏	1. 阀座锥面密封不好 2. 滑阀或阀座拉毛 3. 阀座碎裂	1. 重新研配 2. 重新研配 3. 更换并研配阀座
不起单向作用	1. 滑阀在阀体内咬住 ① 阀体孔变形 ② 滑阀配合时有毛刺 ③ 滑阀变形胀大 2. 漏装弹簧	1. 相应采取如下措施 ① 修研阀座孔 ② 修除毛刺 ③ 修研滑阀外径 2. 补装适当的弹簧（弹簧的最大压力不大于30N）
结合处渗漏	螺钉或管螺纹没拧紧	拧紧螺钉或管螺纹

表 3-3　换向阀的故障、原因及排除方法

故障现象	产　生　原　因	排　除　方　法
滑阀不能动作	1. 滑阀被堵塞 2. 阀体变形 3. 具有中间位置的对中弹簧折断 4. 操纵压力不够	1. 拆开清洗 2. 重新安装阀体的螺钉使压紧力均匀 3. 更换弹簧 4. 操纵压力必须大于 0.35MPa
工作程序错乱	1. 因滑阀被拉毛，油中有杂质或热膨胀使滑阀移动不灵活或卡住 2. 电磁阀的电磁铁坏了，力量不足或漏磁等 3. 液动换向阀滑阀两端的控制阀（节流阀、单向阀）失灵或调整不当 4. 弹簧过软或太硬使阀通油不畅 5. 滑阀与阀孔配合太紧或间隙过大 6. 因压力油的作用使滑阀局部变形	1. 拆卸清洗，配研滑阀 2. 更换或修复电磁铁 3. 调整节流阀，检查单向阀是否封油良好 4. 更换弹簧 5. 检查配合间隙使滑阀移动灵活 6. 在滑阀外圆上开 1mm × 0.5mm 的环形平衡槽

（续）

故障现象	产生原因	排除方法
电磁线圈发热过高或烧坏	1. 线圈绝缘不良 2. 电磁铁铁心与滑阀轴线不同心 3. 电压不对 4. 电极焊接不对	1. 更换电磁铁 2. 重新装配使其同心 3. 按规定纠正 4. 重新焊接
电磁铁控制的方向控制阀作用时有响声	1. 滑阀卡住或摩擦过大 2. 电磁铁不能压到底 3. 电磁铁铁心接触面不平或接触不良	1. 修研或调配滑阀 2. 校正电磁铁高度 3. 清除污物，修正电磁铁铁心

表 3-4　溢流阀的故障、原因及排除方法

故障现象	产生原因	排除方法
压力波动不稳定	1. 弹簧弯曲或太软 2. 锥阀与阀座的接触不良或磨损 3. 钢球不圆，钢球与阀座密合不良 4. 滑阀变形或拉毛 5. 油不清洁，阻尼孔堵塞	1. 更换弹簧 2. 锥阀磨损或有毛病就更换。如锥阀是新的即卸下调整螺母。将导杆推几下，使其接触良好 3. 更换钢球，研磨阀座 4. 更换或修研滑阀 5. 更换清洁油液，疏通阻尼孔
调整无效	1. 弹簧断裂或漏装 2. 阻尼孔堵塞 3. 滑阀卡住 4. 进出油口装反 5. 锥阀漏装	1. 检查、更换或补装弹簧 2. 疏通阻尼孔 3. 拆出、检查、修整 4. 检查油源方向并纠正 5. 检查、补装
显著泄漏	1. 锥阀或钢球与阀座的接触不良 2. 滑阀与阀体配合间隙过大 3. 管接头没拧紧 4. 接合面纸垫冲破或铜垫失效	1. 锥阀或钢球磨损或者有毛病时则更换新的锥阀或钢球 2. 更换滑阀，重配间隙 3. 拧紧联接螺钉 4. 更换纸垫或铜垫
显著噪声及振动	1. 螺母松动 2. 弹簧变形不复原 3. 滑阀配合过紧 4. 主滑阀动作不良 5. 锥阀磨损 6. 出口油路中有空气 7. 流量超过允许值 8. 和其他阀产生共振	1. 紧固螺母 2. 检查并更换弹簧 3. 修研滑阀，使其灵活 4. 检查滑阀与壳体是否同心 5. 更换锥阀 6. 放出空气 7. 调换额定流量大的阀 8. 略改变阀的额定压力值（如额定压力值的差在 0.5MPa 以内，容易发生共振）

表 3-5　减压阀的故障、原因及排除方法

故障现象	产生原因	排除方法
压力不稳定，有波动	1. 油液中混入空气 2. 阻尼孔有时堵塞 3. 滑阀与滑体内孔圆度达不到规定使阀卡住 4. 弹簧变形或在滑阀中卡住，使滑阀移动困难，或弹簧太软 5. 钢球不圆，钢球与阀座配合不好或锥阀安装不正确	1. 排除油中空气 2. 疏通阻尼孔及换油 3. 修研阀孔，修配滑阀 4. 更换弹簧 5. 更换钢球或拆开锥阀调整
输出压力低，升不高	1. 顶盖处泄漏 2. 钢球或锥阀与阀座密合不良	1. 拧紧螺钉或更换纸垫 2. 更换钢球或锥阀
不起减压作用	1. 回油孔的油塞未拧出，使油闷住 2. 顶盖方向装错，使出油孔与回油孔连通 3. 阻尼孔被堵住 4. 滑阀被卡死	1. 将油塞拧出，并接上回油管 2. 检查顶盖上的孔的位置是否装错 3. 用直径为 1mm 的针清理小孔并换油 4. 清理和研配滑阀

表 3-6　顺序阀的故障、原因及排除方法

故障现象	产生原因	排除方法
始终出油，因而不起顺序作用	1. 阀芯在打开位置上卡死（如几何精度低，间隙太小；弹簧弯曲，断裂；油液太脏） 2. 单向阀在打开位置上卡死（如几何精度低，间隙太小；弹簧弯曲、断裂；油液太脏） 3. 单向阀密封不良（如几何精度低） 4. 调压弹簧断裂 5. 调压弹簧漏装 6. 未装锥阀或钢球 7. 锥阀或钢球碎裂	1. 修理，使配合间隙达到要求，并使阀芯移动灵活；检查油质，过滤或更换油液；更换弹簧 2. 修理，使配合间隙达到要求，并使单向阀芯移动灵活；检查油质过滤或更换油液；更换弹簧 3. 修理，使单向阀密封良好 4. 更换弹簧 5. 补装弹簧 6. 补装锥阀或钢球 7. 更换锥阀或钢球
不出油，因而不起顺序作用	1. 阀芯在关闭位置上卡死（如几何精度低，弹簧弯曲，油液脏） 2. 锥阀芯在关闭位置卡死 3. 控制油液流通不畅通（如阻尼孔堵死，或遥控管路被压扁堵死） 4. 遥控压力不足，或下端盖结合处漏油严重 5. 通向调压阀油路上的阻尼孔被堵死 6. 泄漏口管道中背压太高，使滑阀不能移动 7. 调节弹簧太硬，或压力调得太高	1. 修理，使滑阀移动灵活；更换弹簧；过滤或更换油液 2. 修理，使滑阀移动灵活；过滤或更换油液 3. 清洗或更换管道，过滤或更换油液 4. 提高控制压力，拧紧螺钉并使之受力均匀 5. 清洗阻尼孔 6. 泄漏口管道不能接在排油管道上一起回油箱，应单独排回油箱 7. 更换弹簧，适当调整压力

（续）

故障现象	产生原因	排除方法
调定压力值不符合要求	1. 调压弹簧调整不当 2. 调压弹簧变形，最高压力调不上去 3. 滑阀卡死，移动困难	1. 重新调整所需要的压力 2. 更换弹簧 3. 检查滑阀的配合间隙，修配使滑阀移动灵活；过滤或更换油液
振动与噪声	1. 回油阻力（背压）太高 2. 油温过高	1. 降低回油阻力 2. 控制油温在规定范围内

表3-7　压力继电器的故障、原因及排除方法

故障现象	产生原因	排除方法
输出量不合要求或无输出	1. 微动开关损坏 2. 电气线路故障 3. 阀芯卡死或阻尼孔堵死 4. 进油管道弯曲、变形，使油液流动不畅通 5. 调节弹簧太硬或压力调得过高 6. 管接头处漏油 7. 与微动开关相接的触头未调整好 8. 弹簧和杠杆装配不良，有卡滞现象	1. 更换微动开关 2. 检查原因，排除故障 3. 清洗、修配，达到要求 4. 更换管道，使油液流通畅通 5. 更换适宜的弹簧或按要求调节压力值 6. 拧紧接头，消除漏油 7. 精心调整，使接触点接触良好 8. 重新装配，使动作灵敏
灵敏度太差	1. 杠杆柱销处摩擦力过大，或钢球与柱塞接触处摩擦力过大 2. 装配不良，动作不灵活或"憋劲" 3. 微动开关接触行程太长 4. 接触螺钉、螺杆等调节不当 5. 钢球不圆 6. 阀芯移动不灵活 7. 安装不妥，如水平和倾斜安装	1. 重新装配，使动作灵敏 2. 重新装配，使动作灵敏 3. 合理调整位置 4. 合理调整螺钉和杠杆位置 5. 更换钢球 6. 清洗、修理，使之灵活 7. 改为垂直安装
发信号太快	1. 进油口阻尼孔太大 2. 膜片碎裂 3. 系统冲击压力太大 4. 电气系统设计有误	1. 阻尼孔适当改小，或在控制管路上增设阻尼管 2. 更换膜片 3. 在控制管路上增设阻尼管，以减弱冲击压力 4. 要按工艺要求设计电气系统

表 3-8 流量控制阀的故障、原因及排除方法

故障现象		产生原因	排除方法
节流阀	不出油	油液脏堵塞节流口、阀芯和阀套配合不良造成阀芯卡死、弹簧弯曲变形或刚度不合适等	检查油液、清洗阀，检修，更换弹簧
		系统不供油	检查油路
	执行元件速度不稳定	节流阀节流口、阻尼孔有堵塞现象，阀芯动作不灵敏等	清洗阀、过滤或更换油液
		系统中有空气	排除空气
		泄漏过大	更换阀芯
		节流阀的负载变化大，系统设计不当，阀的选择不合适	选用调速阀或重新设计回路
调速阀	不出油	油液脏堵塞节流口、阀芯和阀套配合不良造成阀芯卡死、弹簧弯曲变形或刚度不合适等	检查油液、清洗阀，检修，更换弹簧
		系统中有空气	排除空气
	执行元件速度不稳定	定差式减压阀阀芯卡死、阻尼孔堵塞、阀芯和阀体装配不当等	清洗调速阀、重新修理
		油液脏堵塞阻尼孔、阀芯卡死	清洗阀、过滤油液
		单向调速阀的单向阀密封不好	修理单向阀

第六节 液压系统辅助装置简介

液压系统中的辅助装置包括：油箱、油管、管接头、过滤器、压力计、蓄能器和密封装置等，它们是液压系统的重要组成部分。除油箱通常需要自行设计外，其余均为标准件。这些辅助装置虽起辅助作用，但它们对系统工作稳定性、效率和寿命等却至关重要，因此必须给予足够的重视。

一、油箱

1. 油箱的功用

油箱在液压系统中的功用是用来储油、散热及分离油液中的空气和杂质。

在液压系统中，可利用床身或底座内的空间作油箱，也可采用单独油箱。前者结构较紧凑，回收漏油也较方便，但油液温度的变化容易引起床身的热变形，液压泵的振动也会影响机械的工作性能，所以精密机械多采用单独油箱。

2. 油箱的结构

油箱的结构如图 3-37 所示。为了保证油箱的功用，在结构上应注意以下几个方面：

（1）吸、回、泄油管的设置 吸油管 1 与回油管 4 之间的距离尽可能加大，且都应插入油面之下，但到箱底的距离要大于管径的 2 倍，以免吸入空气和飞溅起泡，管口应切成 45°斜角以增大通流面积并降低流速，且切口面向箱壁以利散热和沉淀杂质。吸油管端部应设粗过滤器（网式过滤器2），离箱壁要有3倍管径的距离，以便四周进油。阀的泄油管应在液面之上，以免产生背压。液压马达和液压泵的泄油管则应插入液面以下，以免产生气泡。

（2）隔板的设置　设置隔板的目的是将吸、回油区隔开，迫使油液循环流动，利于油液的冷却和放出油液中的气泡，并使杂质沉淀在回油管一侧。隔板7用于阻挡沉淀杂质，隔板9用于阻挡泡沫进入吸油管。

（3）空气过滤器与油面指示器的设置　设置空气过滤器3的作用是使油箱与大气相通，既能过滤空气又兼作注油口。一般在油箱侧壁上设置油面指示器6（俗称油标），以指示油位高度。

（4）放油口与防污密封　油箱底面做成双斜面（也可做成向回油侧倾斜的单斜面），在最低处设置放油口，平时用放油塞8堵死，换油时将其打开放走污油。油箱的顶盖5及吸、回油管通过的孔均需加密封装置。

（5）油箱内壁加工与油温控制　油箱内壁应涂优质耐油防锈涂料。根据需要可在油箱适当部位安装冷却器和加热器。

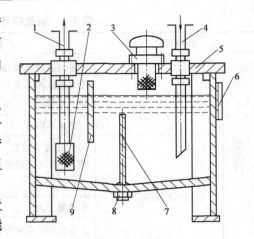

图 3-37　油箱
1—吸油管　2—网式过滤器　3—空气过滤器
4—回油管　5—顶盖　6—油面指示器
7、9—隔板　8—放油塞

二、油管与管接头

1. 油管

液压系统中常用的油管有钢管、纯铜管、橡胶软管、尼龙管和塑料管等，须根据安装位置、工作压力和工作环境等来选用，油管的特点及适用场合见表3-9。

表3-9　各种油管的特点及适用场合

种　类		特点及适用场合
硬管	钢管	耐油、耐高压、强度高、工作可靠，但装配时不便弯曲，常在装拆方便处用作压力管道。中压以上条件下采用无缝钢管，低压条件下采用焊接钢管
	纯铜管	价高，承压能力低（6.5~10MPa），抗冲击及振动能力差，易使油液氧化，但易弯曲成各种形状，常用在仪表和液压系统装配不便处
软管	塑料管	耐油、价低、装配方便，长期使用易老化，只适用于压力低于0.5MPa的回油管道或泄油管
	尼龙管	乳白色透明，可观察流动情况，价低，加热后可随意弯曲、扩口，冷却后定形，安装方便，承压能力因材料而异（2.5~8MPa），今后有扩大使用范围的可能
	橡胶软管	用于有相对运动部件间的连接，分高压和低压两种。高压软管由耐油橡胶夹有几层钢丝编织网（层数越多耐压越高）制成，价高，用于压力管路。低压软管由耐油橡胶夹帆布制成，用于回油管路

2. 管接头

管接头是连接油管与油管或油管与液压元件之间的可拆式元件，要求连接可靠、拆装方便、密封性好。管接头按通路数分为直通、弯头、三通和四通等。常用的管接头有卡套式、扩口式和焊接式等。

图 3-38 所示为扩口式管接头。适用于铜管、薄壁钢管、尼龙管和塑料管等低压管路的连接，在工作压力不高的机床液压系统中，应用较为普遍。

图 3-39 所示为焊接式管接头。用来连接管壁较厚的钢管，适用于中低压系统。

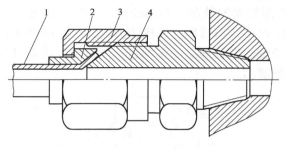

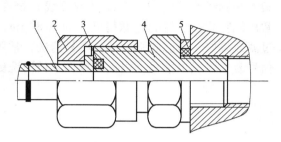

图 3-38　扩口式管接头
1—接管　2—导套
3—螺母　4—接头体

图 3-39　焊接式管接头
1—接管　2—螺母　3—O 形密封圈
4—接头体　5—组合密封圈

图 3-40 所示为卡套式管接头。拧紧接头螺母 3，卡套 2 发生弹性变形而将油管夹紧，这种管接头装拆方便，但制造工艺要求高，油管要用冷拔无缝钢管，适用于高压系统。

图 3-41 所示为可拆式胶管接头。接头体 2 拧入接头外套 3 后，锥度使钢丝编织胶管压紧在接头外套内，主要在机床中、低压系统中使用。

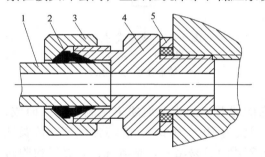

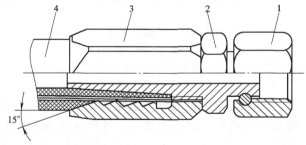

图 3-40　卡套式管接头
1—接管　2—卡套　3—螺母
4—接头体　5—组合密封圈

图 3-41　可拆式胶管接头
1—接头螺母　2—接头体
3—外套　4—胶管

三、过滤器

过滤器的功用是过滤混在油液中的各种杂质，以免它们进入液压传动系统和精密液压元件内，影响系统的正常工作或造成系统故障。

1. 过滤器的分类与选择

不同液压系统对过滤器的过滤精度要求不同［过滤精度是指过滤器滤除杂质的颗粒大小，以其直径 d 的基本尺寸（单位 μm）表示］，按过滤精度不同，过滤器可分为：粗（$d \geqslant 100\mu m$）、普通（$d \geqslant 10 \sim 100\mu m$）、精（$d \geqslant 5 \sim 10\mu m$）和特精（$d \geqslant 1 \sim 5\mu m$）四个等级。

按滤芯的材料和结构形式不同，过滤器可分为网式、线隙式、烧结式、纸芯式及磁性过滤器等。

（1）网式过滤器　结构如图3-42所示，它由上盖1、下盖4、铜丝网2及开有若干大孔的筒形骨架3组成。它的特点是结构简单，通流能力大，压力损失小，清洗方便，但过滤精度低（一般为80~180μm），用于吸油管路对油液进行粗过滤。

（2）线隙式过滤器　结构如图3-43所示，它由堵塞指示器1、端盖2、壳体3、筒形骨架4和铜线5等组成。铜线（或铝线）绕在筒形骨架的外部，利用线间的缝隙过滤油液。常用线隙式过滤器的过滤精度为30~80μm，特点是结构简单，通流能力大，压力损失小，过滤效果好，但滤芯强度低，不易清洗，常用于低压系统和泵的吸油口。当过滤器堵塞时，信号装置将发出信号，以提醒操作人员清洗更换滤芯。

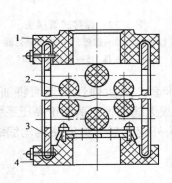

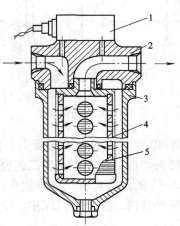

图3-42　网式过滤器
1—上盖　2—铜丝网
3—筒形骨架　4—下盖

图3-43　线隙式过滤器
1—堵塞指示器　2—端盖　3—壳体
4—筒形骨架　5—铜线

（3）烧结式过滤器　结构如图3-44所示，它的滤芯一般由金属粉末压制后烧结而成，靠其颗粒间的孔隙过滤油液。这种过滤器的过滤精度为10~100μm，滤芯强度高，抗腐蚀性能好，制造简单；缺点是压力损失大（0.03~0.2MPa），易堵塞，难清洗，若有颗粒脱落会影响过滤精度。多安装在回油路上。

（4）纸芯式过滤器　结构如图3-45所示，纸芯式过滤器的结构与线隙式过滤器相似，只是滤芯为纸质。一般滤芯由三层组成：外层2为粗眼钢板网，中层3为折叠成W形的滤纸，里层4由金属丝网与滤纸一并折叠而成。纸芯式过滤器的过滤精度为5~30μm，结构紧凑，通油能力大；其缺点是易堵塞，无法清洗，需经常更换滤芯。图中1为堵塞指示器，当滤芯堵塞时，它发出堵塞信号（发亮或发声），提醒操作人员更换滤芯。纸芯式过滤器一般用于要求过滤精度高的液压系统中。

（5）磁性过滤器　磁性过滤器的工作原理是利用磁铁吸附油液中的铁质微粒，特别适用于经常加工铸件的机床液压系统中。但一般结构的磁性过滤器对其他污染物不起作用，所以常把它用作复式过滤器的一部分。

（6）复式过滤器　复式过滤器即上述几类过滤器的组合，如纸芯—磁性过滤器，磁性—烧结过滤器等。

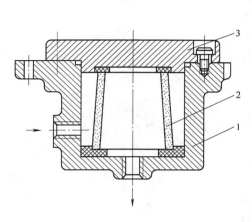

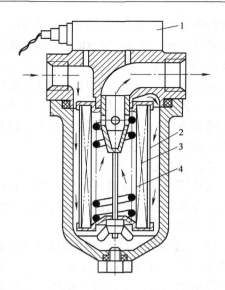

图 3-44　烧结式过滤器
1—壳体　2—滤芯　3—端盖

图 3-45　纸芯式过滤器
1—堵塞指示器　2—滤芯外层
3—滤芯中层　4—滤芯里层

2. 过滤器的安装

（1）安装在液压泵的吸油管路上（图 3-46a）　防止大颗粒杂质进入泵内，以保护液压泵。可选择粗过滤器，但要求有较大的通流能力，防止产生气穴现象。

（2）安装在液压泵的压油管路上（图 3-46b）　需选择精过滤器，以保护液压泵以外的液压元件。要求能承受油路上的工作压力和压力冲击。为防止过滤器堵塞，一般要并联溢流阀或安装堵塞指示器。

（3）安装在系统的回油管路上（图 3-46c）　过滤油液回油箱前侵入液压系统或液压系统生成的杂质，可采用滤芯强度低的过滤器。为防止过滤器堵塞，一般要并联溢流阀或安装堵塞指示器。

（4）安装在系统的支路上（图 3-46d）　当泵的流量较大时，为避免选用过大的过滤器，在支路上安装小规格的过滤器。

（5）安装在独立的过滤系统中　在大型液压系统中，可专设由液压泵和过滤器组成的独立的液压系统，用以不间断地清除液压系统中的杂质，提高油液的清洁度。

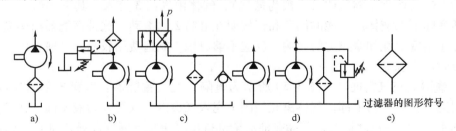

图 3-46　过滤器的安装位置及图形符号

四、压力表

液压系统各工作点的压力一般都用压力表来观测，以便于调整到要求的工作压力。压力表的种类较多，最常用的是图3-47所示的弹簧管式压力表。液压油进入弹簧弯管1，弯管产生弹性变形，曲率半径加大，其端部位移通过杠杆4使扇形齿轮5摆动，扇形齿轮和小齿轮6啮合，于是小齿轮带动指针2转动，从刻度盘3上即可读出压力值。

选用压力表测量压力时，其量程应比系统压力稍大，一般取系统压力的1.3～1.5倍。压力表与压力管道连接时，应通过阻尼小孔，以防止被测压力突变而将压力表损坏。

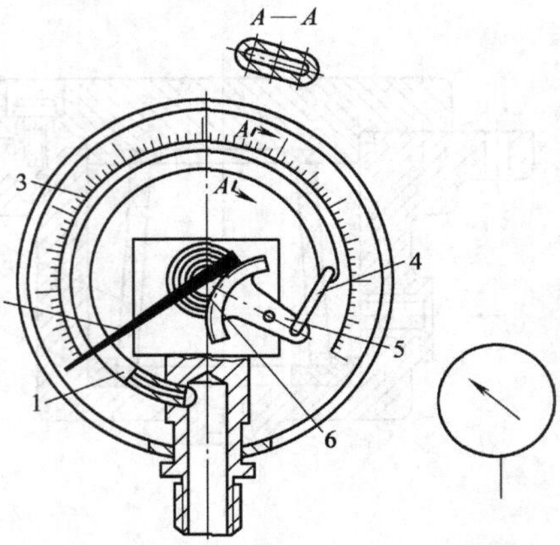

五、蓄能器

蓄能器是液压系统的储能元件，它储存液体压力能，并在需要时释放出来供给液压系统。

1. 蓄能器的功用

（1）短期内大量供油　在液压系统的一个工作循环中，若只有短时间内需要大流量，则可采用蓄能器作辅助动力源与泵联合使用，这样就可以用较小流量的液压泵使执行元件获得较快的运动速度，从而减少系统发热和提高效率。

图3-47　弹簧管式压力表及图形符号
1—弹簧弯管　2—指针　3—刻度盘
4—杠杆　5—扇形齿轮　6—小齿轮

（2）系统保压　若液压缸需要较长时间内保持压力而无动作（如机床夹具夹紧工件）时，则可使液压泵卸荷，用蓄能器提供液压油补偿泄漏而起保压作用。

（3）应急动力源　当液压泵发生故障或停电时，可用蓄能器作应急动力源释放液压油，避免可能引起的事故。

（4）吸收压力脉动和液压冲击　液压泵输出的液压油存在压力脉动现象，执行元件在起动、停止或换向时易引起液压冲击，必要时可在脉动和冲击部位设置蓄能器，以起缓冲作用。

2. 蓄能器的结构类型

蓄能器有重锤式、弹簧式和充气式等多种类型，但常用的是利用气体膨胀和压缩进行工作的充气式蓄能器，主要有隔膜式、活塞式和囊隔式三种。隔膜式充气蓄能器的图形符号如图3-48所示。

图3-48　隔膜式充气蓄能器的图形符号

（1）活塞式充气蓄能器　图3-49所示为活塞式充气蓄能器。活塞1的上部气体为压缩气体（一般为氮气），气体由气门3充入，其下部经油口a通液压系统，活塞随下部液体压力能的储存和释放而在缸筒2内滑动。这种蓄能器结构简单，寿命长，但由于活塞惯性和摩擦力的影响，反应不够灵敏，制造费用较高，一般在中、高压系统中用于吸收压力脉动。

（2）囊隔式充气蓄能器　图3-50所示为囊隔式充气蓄能器。气囊3用耐油橡胶制成，固定在耐高压壳体2的上部，气体由充气阀1充入气囊内，气囊外为液压油，在蓄能器下部有提升阀4，液压油从此进出，并能在油液全部排出时防止气囊膨胀挤出油口。囊隔式充气蓄能器本身惯性小，反应灵敏，容易维护，但气囊和壳体制造较困难。

3. 蓄能器的安装

根据蓄能器在液压系统中的作用不同，其安装位置也不同，因此，安装蓄能器时应注意以下几点：

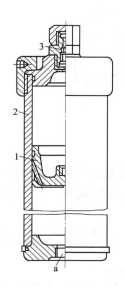
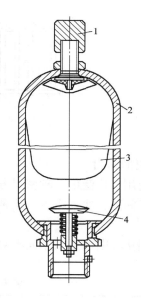

图 3-49　活塞式充气蓄能器　　　　　　　图 3-50　囊隔式充气蓄能器
1—活塞　2—缸筒　3—气门　　　　　　1—充气阀　2—壳体　3—气囊　4—提升阀

1）蓄能器应将油口向下垂直安装，装在管路上的蓄能器必须用支承架固定。

2）蓄能器与泵之间应设置单向阀，以防止液压油向泵倒流；蓄能器与系统之间应设截止阀，供充气、调整和检修时使用。

3）用于吸收压力脉动和液压冲击的蓄能器应尽量安装在振源附近。

4）蓄能器是压力容器，使用时必须注意安全，搬运和拆装时应先排出压缩气体，以免因振动或碰撞而发生意外事故。

六、密封装置

密封装置用来防止液压元件和液压系统中液压油的内漏和外漏，以保证建立起必要的工作压力和避免污染环境。密封装置应有良好的密封性能，并且结构简单，维护方便，价格低廉。密封材料的摩擦因数要小，耐磨、寿命长，且磨损后能够自动补偿。下面介绍几种常用的密封形式及密封元件。

1. 间隙密封

这是一种最简单的密封方法，它是通过精密加工，使相对运动零件的配合面之间有极微小的间隙（0.01～0.05mm），从而实现密封，如图 3-51 所示。为增加对泄漏油的阻力，常在圆柱面上加工几条环形小槽（宽 0.3～0.5mm，深 0.5～1mm，间距为 2～5mm）。油在这些槽中形成涡流，能减缓漏油速度，还能起到使两配合件同轴，降低摩擦阻力和避免因偏心而增加漏油量等作用。因此这些槽也称为压力平衡槽。

这种密封结构简单，摩擦力小，但对配合表面加工精度要求高，且随压力升高密封性能会下降，磨损后不能自动补偿，故只适用于直径较小的圆柱面之间，如滑阀的阀芯与阀孔之间的密封。

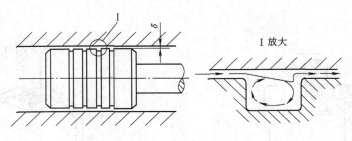

图 3-51　间隙密封

2. 密封圈密封

这是应用最广泛的一种密封方法。它是由耐油橡胶和尼龙压制而成的，通过本身的受压变形来消除间隙，实现密封。这种密封装置结构简单，密封性能良好，且对密封表面加工要求也不高。

密封圈按其断面形状不同有 O 形、Y 形、V 形等几种，这些密封圈的结构及密封特性见表 3-10。

表 3-10　常用密封圈结构及密封特性

类　型	结　构	说　明
O 形密封圈		结构简单，密封性能较好，使用方便，成本低廉，摩擦阻力小。可用于运动和固定密封处，其内径、外径和端面均可用作密封，应用较广 装入沟槽时应有一定的预压缩量。用于高压或往复运动处时，应在侧面安装挡圈，避免被嵌入间隙内而破坏
Y 形密封圈		属唇形密封，安装时唇口对着高压油一边，在油压的作用下，唇边贴紧密封面起密封作用。随着压力增加能自动提高密封性能且磨损后能自动补偿 压力变化较大、运动速度较高时，要采用支承环定位，以防"翻转"损坏
Yx 形密封圈	孔用　　轴用	Yx 与 Y 比较，其断面高、宽比大于 2，故不易发生"翻转"。Yx 只有低唇起密封作用。可分轴用和孔用两种，密封性好，适用于工作温度 −30 ~ 100℃，压力小于 32MPa
V 形密封圈	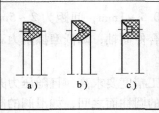 a)　　b)　　c)	由多层涂胶织物压制而成，使用时由支承环（图 a）、密封环（图 b）和压环（图 c）三部分组成，高压时可增加密封环数。其工作压力可达 50MPa，密封可靠，但摩擦阻力大，适用于大直径、低速运动副

本　章　小　结

　　液压控制阀是通过调节作用在阀芯上的弹簧弹力或直接调节阀芯位置，来改变阀口的通流面积或通路，从而控制液流的方向、压力和流量。它由阀体、阀芯、调节或控制机构三部分组成，按用途不同可分为方向控制阀、压力控制阀和流量控制阀三大类。液压系统辅助装置包括：油箱、油管、管接头、过滤器、压力表、蓄能器、密封装置等。液压控制阀和液压系统辅助装置是构成液压系统的基础元件，应认真掌握并能够熟练应用。

复习思考题

　　1. 什么是换向阀的"位"和"通"？什么是中位滑阀机能？

　　2. 画出以下各种名称的方向阀的图形符号：

1）二位四通电磁换向阀。

2）二位二通行程换向阀（常开）。

3）二位三通液动换向阀。

4）液控单向阀。

5）三位四通 M 型机能电液换向阀。

6）三位四通 Y 型电磁换向阀。

　　3. 溢流阀在液压系统中有何功用？先导式溢流阀怎样维持系统压力近于恒定？又怎样调节系统压力？

　　4. 若将先导式溢流阀的遥控口当成泄漏口接油箱，这时液压系统会产生什么问题？

　　5. 减压阀在液压系统中有何功用？它是如何工作的？减压阀与溢流阀有什么区别？画出它们的图形符号。

　　6. 若将减压阀的进、出油口接反，会出现什么情况？试分出油压力高于和低于调定压力两种情况讨论。

　　7. 顺序阀在液压系统中有何功用？它是如何工作的？与溢流阀比较有什么区别？

　　8. 液压系统中，采用什么元件，通过什么方式来控制执行元件的运动速度？

　　9. 什么是减速阀？什么是调速阀？两者有什么异同？

　　10. 液压系统常用的辅助装置有哪些？分别简述它们的作用。

第四章 液压系统基本回路

教学目标 1. 掌握液压系统基本回路的类型、应用范围和工作原理。
　　　　　　 2. 熟悉各液压系统基本回路的性能特点。
　　　　　　 3. 能分析常用的液压系统基本回路。
教学重点 方向控制回路、压力控制回路、速度控制回路的工作原理。
教学难点 各液压系统基本回路的性能特点。

　　液压系统基本回路是由有关液压元件组成，并能完成某种特定功能的典型油路结构。任何一个液压系统，无论多么复杂，实际上都是由一些基本回路组成的。因此，掌握基本回路的组成、原理和特点将有助于认识、分析一个完整的液压传动系统。

　　常用的液压系统基本回路，按其功能可分为方向控制回路、压力控制回路、速度控制回路、多缸顺序动作控制回路和同步动作及多缸工作互不干扰回路等。由于每个液压基本回路主要用来完成一种基本功能，所以本章在介绍各种基本回路时，在基本回路图中通常都省略了与基本功能关系不大的液压元件。

第一节　方向控制回路

　　利用方向控制阀控制液流的通、断、变向，来实现液压系统执行元件的起动、停止或改变运动方向的回路，称为方向控制回路。

　　图4-1所示是用二位四通电磁阀来实现换向的换向回路。当电磁铁YA通电时，换向阀左位接入系统工作，活塞向右移动。此时其油路情况如下：

　　进油路：液压泵1→换向阀2左位P口→A口→液压缸左腔。

　　回油路：液压缸右腔→换向阀2左位B口→T口→油箱。

　　若使YA断电，则换向阀的右位接入系统工作，活塞向左移动。此时其油路情况如下：

　　进油路：液压泵1→换向阀2右位P口→B口→液压缸右腔。

　　回油路：液压缸左腔→换向阀2右位A口→T口→油箱。

　　根据执行元件换向的要求，也可采用二位（或三位）四通或五通控制阀，控制方式可以是人力、机械、电气、直接压力和间接压力（先导）等。

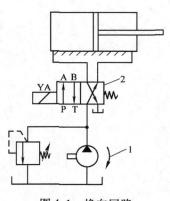

图4-1　换向回路

第二节 压力控制回路

压力控制回路是利用压力控制阀来实现系统调压、减压、卸荷、增压、平衡、锁紧等，以满足执行元件对力或转矩要求的回路。压力控制回路有调压回路、减压回路、卸荷回路、增压回路和平衡锁紧回路等。

一、调压回路

利用溢流阀的调压回路主要用来控制系统的工作压力不超过某一预定数值，或者使系统工作时在不同的动作阶段有不同的压力。例如一级调压回路、多级调压回路等。

图 4-2 所示是用溢流阀来调定液压泵工作压力的调压回路。此时溢流阀 2 的调定压力应大于系统的最高工作压力。这种调压回路在定量泵节流调速系统中应用。由图可见，由于泵的流量大于通过调速阀进入液压缸中的流量，油压升高到溢流阀的调定值后顶开溢流阀，多余的油流回油箱。在溢流的过程中系统的油压与溢流阀弹簧力保持平衡，使系统在不断溢流过程中保持压力基本稳定。

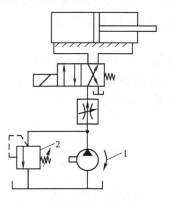

图 4-2 调压回路

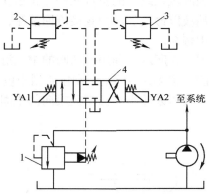

图 4-3 多级调压回路
1、2、3—溢流阀 4—换向阀

图 4-3 所示为用三个溢流阀使系统在不同的动作阶段具有不同压力的多级调压回路。它将主溢流阀 1 的远程控制口通过三位四通换向阀 4 与另外两个溢流阀相连，当电磁铁 YA1 通电、YA2 断电时，换向阀 4 的左位接入工作时，主溢流阀 1 的远程控制口受溢流阀 2 的控制，系统压力由溢流阀 2 调定。若 YA1 断电、YA2 通电，换向阀右位接入工作时，主溢流阀 1 的远程控制口受溢流阀 3 的控制，系统又可获得另一个压力调定值。若 YA1、YA2 都断电，换向阀中位接入工作，主溢流阀的远程控制口封闭，系统的压力由主溢流阀 1 调定。显然，在这三级调压中，换向阀处于中位时，系统压力最高。

二、减压回路

当液压系统某分支油路所需的工作压力低于系统由溢流阀所调定的压力时，可在此分支油路上采用由减压阀组成的减压回路。如液压设备中的润滑油路及控制油路，这些油路中所需的压力往往比主油路中的压力低得多。

如图 4-4 所示的减压回路，液压缸 B 所需的工作压力比液压缸 A 要低得多，此时在通往液压缸 B 的油路上串接减压阀使该分支油路成为减压回路。

当 YA1 通电、YA2 断电时，换向阀 3 左位接入系统工作，液压缸 A 的压力由溢流阀 2 调定，液压缸 B 的工作压力由减压阀 4 控制。其油路情况如下：

进油路：液压泵 1→三位四通换向阀 3 的左位→6→7→液压缸 A 左腔

　　　　　　　　　　　　　　　　　└→8→减压阀 4→液压缸 B 左腔

回油路：液压缸 A 右腔→9→三位四通换向阀 3 的左位→油箱

　　　　液压缸 B 右腔┘

反向运动时，YA1 断电、YA2 通电，换向阀右位接入系统工作。此时，减压阀 4 不起作用，其油路情况如下：

进油路：液压泵 1→三位四通换向阀 3 的右位→9→液压缸 A 右腔

　　　　　　　　　　　　　　　　　　　　└→液压缸 B 右腔

回油路：液压缸 A 左腔→7→6→三位四通换向阀 3 的右位→油箱

　　　　液压缸 B 左腔→5→8

三、卸荷回路

当液压系统中的执行元件停止运动或需要长时间保持压力时，卸荷回路可以使液压泵输出的油液以最小的压力直接流回油箱，以减少功率损失、磨损及系统发热，从而延长液压泵的使用寿命。

图 4-5 所示是利用换向阀的中位滑阀机能卸荷的回路。图 4-5a 所示是利用 H 型中位滑阀机能，图 4-5b 所示是利用 M 型中位滑阀机能。当换向阀的两个电磁铁 YA1 与 YA2 都断电时，液压泵输出的油液经换向阀中间通道直接流回油箱，实现液压泵卸荷。

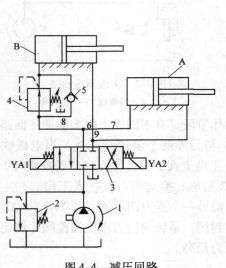

图 4-4　减压回路

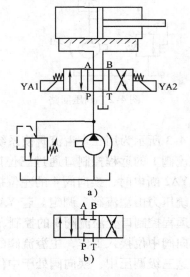

图 4-5　卸荷回路

四、增压回路

增压回路是用来提高系统中某一支路的压力的。采用增压回路可以用压力较低的液压泵获得较高的压力。

图 4-6 所示是采用增压器的增压回路，它适用于需要较大的单向作用力的场合。增压器

由大、小两个液压缸 a 和 b 组成，a 缸中的大活塞（有效作用面积 A_a）和 b 缸中的小活塞（有效作用面积 A_b）用一根活塞杆连接起来。当压力为 p_a 的液压油进入液压缸 a 左腔时，作用在大活塞的液压作用力 F_a 推动大小活塞一起向右运动，液压缸 b 的油液以压力 p_b 进入工作液压缸，推动其活塞运动。其平衡式如下

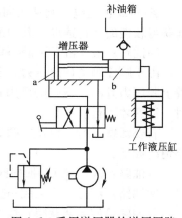

$$p_a A_a = p_b A_b \qquad (4\text{-}1)$$

$$p_b = p_a \frac{A_a}{A_b} \qquad (4\text{-}2)$$

由于 $A_a > A_b$，所以 $p_b > p_a$，故可获得增压效果，增压的倍数等于增压器活塞大、小面积之比。当活塞回程时，增压器由补油箱补油。

图 4-6 采用增压器的增压回路

五、平衡锁紧回路

1. 平衡回路

对于立式液压缸，为防止活塞或运动部件因自重而下落或因载荷突然减小而造成的突进，可在运动部件相应的回油路上设置背压阀，这种回路称为平衡回路。

图 4-7 所示为采用液控单向阀的平衡回路。当换向阀 3 的 YA1 通电、YA2 断电时，其左位接入系统工作，活塞下行。此时其油路情况如下：

进油路：液压泵 1→换向阀 3 的左位→液压缸 6 的上腔。

回油路：液压缸 6 的下腔→单向节流阀 5 中的节流阀→液控单向阀 4→换向阀 3 的左位→油箱。

当液控单向阀关闭时，回油路不通，液压缸 6 下腔中压力升高使上腔的压力也升高直至液控单向阀 4 的控制油路将其打开为止，此时活塞迅速下降，使缸内压力也迅速降低，压力低于阀 4 控制油路所需的压力时，阀 4 再次关闭，重新建立压力直至再次打开阀。由于工作时阀 4 这种时开时闭会造成活塞下行运动不平稳，故在其油路上串联有单向节流阀 5，借以控制流量起到调速作用。

当换向阀 3 的 YA1 断电、YA2 通电时，其右位接入系统工作，活塞上行。此时其油路情况如下：

进油路：液压泵 1→换向阀 3 的右位→液控单向阀 4→单向节流阀 5→液压缸 6 下腔。

回油路：液压缸 6 上腔→换向阀 3 的右位→油箱。

图 4-8 所示为采用顺序阀的平衡回路。当换向阀 3 的 YA1 断电，YA2 通电，YA3 断电时，换向阀 3 右位接入系统工作，活塞下行，并可获得较快的速度下行。其油路情况如下：

进油路：液压泵 1→换向阀 3 的右位→换向阀 4 左位→液压缸 7 的上腔。

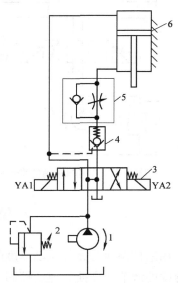

图 4-7 采用液控单向阀的平衡回路

1—液压泵 2—溢流阀 3—换向阀

4—液控单向阀 5—节流阀 6—液压缸

若 YA3 也通电，则从换向阀 3 右位来的油液就经调速阀 5 到液压缸 7 的上腔，可使活塞获得较慢的下行速度。其回油路情况如下：

回油路：液压缸 7 下腔→单向顺序阀 6→换向阀 3 的右位→油箱。

由于顺序阀的调定压力大于活塞运动部件因自重而在液压缸下腔形成的压力，工作时随着上腔压力升高，下腔的压力也升高，直至压力达到单向顺序阀 6 的调定压力而将其打开时，活塞才下行。

若要活塞上行，将换向阀 3 的 YA1 通电，YA2 断电及换向阀 4 的 YA3 断电，此时其油路情况如下：

进油路：液压泵 1→换向阀 3 左位→单向顺序阀 6→液压缸 7 下腔。

回油路：液压缸 7 上腔→换向阀 4 左位→换向阀 3 左位→油箱。

此油路可使活塞获得较快的上行速度。

2. 锁紧回路

锁紧回路是用来使液压缸在任意位置上停止并防止其停止后发生窜动的回路。

图 4-9 所示为利用液控单向阀来实现锁紧的。此时只要换向阀 2 的两个电磁铁 YA1、YA2 都断电，中位接入系统工作，换向阀的四个油口均相通，两液控单向阀 3、4 立即关闭使液压缸锁紧。液控单向阀有良好的密封性，锁紧效果较好。

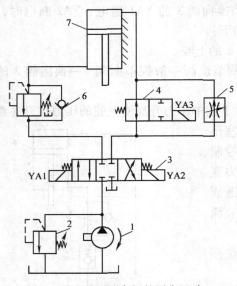

图 4-8　采用顺序阀的平衡回路

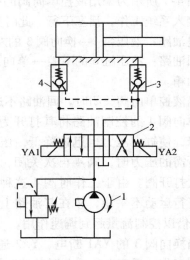

图 4-9　采用液控单向阀的锁紧回路

第三节　速度控制回路

用来控制执行元件运动速度的回路称为速度控制回路。液压系统执行元件的速度控制包括速度的调节和变换。速度控制回路有调速回路、换速回路等。

一、调速回路

在液压系统中控制速度的形式很多，主要有定量泵的节流调速、变量泵的容积调速和容积节流复合调速等。

1. 节流调速回路

节流调速的原理是通过控制进入运动部件的流量来控制运动部件的速度。按照节流阀（或调速阀）在系统中安装位置的不同，分为进油节流调速、回油节流调速和旁路节流调速。

（1）进油节流调速回路　图 4-10 所示为进油节流调速回路。其节流阀安装在进油路上，液压泵输出的油液经节流阀进入液压缸左腔，推动活塞向右运动，多余的油液 Δq 自溢流阀流回油箱。调节节流阀的开口大小，即可调节进入液压缸的流量 q_1，从而改变液压缸的运动速度。这种方式的特点是在回油路上没有背压，运动部件的运动平稳性较差。由图 4-10 可知，泵的供油压力 p_0 为溢流阀的调定压力，液压缸左腔的压力 p_1 取决于负载 F，$(p_0 - p_1)$ 即为节流阀前后的压力差，回油腔压力 p_2 基本上等于零。

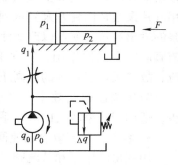

图 4-10　进油节流调速回路

进油节流调速回路具有结构简单、使用方便，一般应用在功率较小且负载变化不大的液压系统中。

（2）回油节流调速回路　图 4-11 所示为回油节流调速回路。这种回路的特点是在回油路上可形成一个背压，在外界负载变化时可起缓冲作用，运动部件的运动平稳性比进油节流调速回路好。由图可知，液压缸左腔压力基本上等于由溢流阀调定的液压泵压力 p_0，液压缸右腔的压力 p_2 随负载 F 而变，这可从力的平衡关系中看出

$$p_0 A = p_2 A_1 + F \qquad (4-3)$$

式中　A、A_1——无杆腔和有杆腔的油液的有效作用面积。

当 $F = 0$ 时，由于 $A_1 < A$，所以 $p_2 > p_0$，显然，这种回路可以承受一个与活塞运动方向相同的负载。

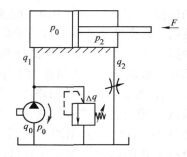

图 4-11　回油节流调速回路

回油节流调速回路广泛用于功率不大，负载变化较大或运动平稳性要求较高的液压系统中。

（3）旁路节流调速回路　图 4-12 所示是旁路节流调速回路，其节流阀装在旁路上，原理是部分油液 Δq_0 通过节流阀流向油箱，其余的油液进入液压缸。很明显，只要改变通过节流阀的流量也就改变了进入液压缸中的流量。此时液压缸左腔压力 p_0 基本上等于液压泵的供油压力，其大小取决于负载 F，液压缸右腔中的压力 p_2 基本为零，可见液压泵的供油压力随负载而变，能比较有效地利用能量。溢流阀只有在过载时才打开。

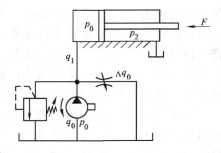

图 4-12　旁路节流调速回路

旁路节流调速回路在低速时承载能力低，调速范围小。它适用于负载变化小，对运动平稳性要求低的高速、大功率场合。

2. 容积调速回路

图4-13所示为使用变量液压泵的调速回路，它通过改变变量液压泵的输出流量实现调节执行元件的运动速度，属于容积调速回路。

液压泵工作时，变量液压泵输出的液压油液全部进入液压缸，推动活塞运动。调节变量液压泵转子与定子之间的偏心距（单作用叶片泵或径向柱塞泵）或斜盘的倾斜角度（轴向柱塞泵），改变泵的输出流量，就可以改变活塞的运动速度实现调速。回路中的溢流阀起安全保护作用，正常工作时常闭，当系统过载时才打开溢流，故其限定了系统的最高压力。

容积调速回路效率高（压力与流量的损耗少），回路发热量少，适用于功率较大的液压系统中。

图4-13　变量液压泵调速回路

3. 容积、节流复合调速回路

用变量液压泵和节流阀（或调速阀）相配合进行调速的方法称容积、节流复合调速。

图4-14所示为由限压式变量叶片泵和调速阀组成的复合调速回路。调节调速阀节流口的开口大小，就能改变进入液压缸的流量，从而改变液压缸活塞的运动速度。如果变量液压泵的流量 q_V 大于调速阀调定的流量 q_{V1}，由于系统中没有设置溢流阀，多余的油液没有排油通路，势必使液压泵和调速阀之间油路的压力升高，但限压式变量叶片泵在工作压力增大到预先调定的数值后，其流量会随工作压力的升高而自动减小，直到 $q_V = q_{V1}$ 为止。在这种回路中，泵的输出流量与液压系统所需流量（即通过调速阀的流量）是相适应的，因此效率高，发热量小。同时，采用调速阀后，液压缸的运动速度基本不受负载变化的影响，即使在较低的运动速度下工作，运动也较稳定。

图4-14　由变量液压泵和调速阀组成的复合调速回路

容积节流复合调速回路适用于调速范围大的中、小功率场合。

二、换速回路

有些工作机构要求在一个行程的不同阶段具有不同的运动速度，这时就必须采用换速回路。换速回路的作用就是将一种运动速度转变为另一种运动速度。例如金属切削机床在开始切削前要求刀具与工件快速趋近，开始切削后又要求刀具相对于工件做慢速工作进给运动，这就需要把快速运动转换成慢速运动。另外，有时随着加工性质的不同，要求从一种进给速度换接成另一种进给速度，这就是两种不同工作速度的转换问题。

图4-15所示就是一种把活塞快速右移转换成慢速右移的换速回路。当 YA1 通电、YA2 断电、YA3 通电时，活塞向右快速运动，液压缸右腔的油液经换向阀1的左位和换向阀2的右位直接流回油箱。当 YA3 断电时，回油则经调速阀3流回油箱，活塞向右运动的速度由快速转为慢速。这种回路比较简单，应用相当普遍。

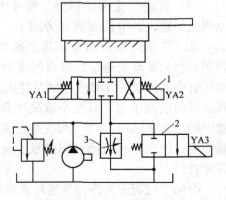

图4-15　快速-慢速换速回路
1、2—换向阀　3—调速阀

　　图 4-16 所示也是一种能实现速度转换的回路，各
动作油路如下：

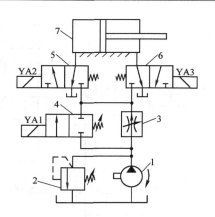

图 4-16　速度换接回路
1—液压泵　2—溢流阀　3—调速阀
4、5、6—换向阀　7—液压缸

　　活塞向右快进，此时 YA1、YA2 通电，YA3 断电，
其油路情况如下：

　　进油路：液压泵 1→二位二通换向阀 4 左位→二位
三通换向阀 5 左位→液压缸 7 左腔。

　　回油路：液压缸 7 右腔→二位三通换向阀 6 左位→
油箱。

　　由于进油路、回油路都畅通无阻，故活塞可获得较
快的右移速度。

　　活塞慢速向右工进，此时 YA1 断电，YA2 通电，
YA3 断电，其油路情况如下：

　　进油路：液压泵 1→调速阀 3→二位三通换向阀 5
左位→液压缸 7 左腔。

　　回油路：液压缸 7 右腔→换向阀 6 左位→油箱。

　　由于在进油路上有节流调速，故活塞可获得较慢的右移速度。

　　活塞向左快速退回，此时 YA1 通电，YA2 断电，YA3 通电，其进油路情况如下：

　　进油路：液压泵 1→二位二通换向阀 4 左位→二位三通换向阀 6 右位→液压缸 7 右腔。

　　回油路：液压缸 7 左腔→二位三通换向阀 5 右位→油箱。

　　同样，由于进油、回油路上都是畅通无阻的，故活塞可获得较快左移速度。

　　上述是由快速运动转换成慢速工进运动的回路。有时需要在两种工进速度间换接，这种回
路又称二次进给回路。二次进给回路可用两个调速阀串联或并联来实现。

　　图 4-17 所示为调速阀串联的二次进给回路。

　　活塞向右快进时，YA1 通电，YA2、YA3、YA4 均断电，其油路情况如下：

　　进油路：液压泵 1→换向阀 2 左位→换向阀 3 左位→液压缸 7 左腔。

　　回油路：液压缸 7 右腔→换向阀 2 左位→油箱。

　　活塞向右一次工进时，YA1 和 YA3 通电，YA2 和 YA4 断电，其油路情况如下：

　　进油路：液压泵 1→换向阀 2 左位→调速阀 4→换向阀 6 右位→液压缸 7 左腔。

　　回油路：液压缸 7 右腔→换向阀 2 左位→油箱。

　　活塞向右二次工进时，YA1、YA3、YA4 都通电，YA2 断电，其油路情况如下：

　　进油路：液压泵 1→换向阀 2 左位→调速阀 4→调速阀 5→液压缸 7 左腔。

　　回油路：液压缸 7 右腔→换向阀 2 左位→油箱。

　　活塞向左快退时，YA1、YA3、YA4 都断电，YA2 通电，其油路情况如下：

　　进油路：液压泵 1→换向阀 2 右位→液压缸 7 右腔。

　　回油路：液压缸 7 左腔→换向阀 3 左位→换向阀 2 右位→油箱。

　　停止工作时，YA1、YA2、YA3、YA4 都断电。

　　图 4-18 所示是调速阀并联的二次进给回路。

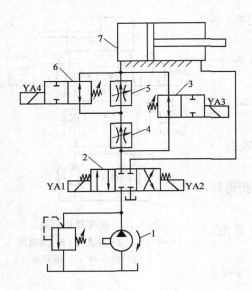

图 4-17　二次进给回路（一）
1—液压泵　2、3、6—换向阀
4、5—调速阀　7—液压缸

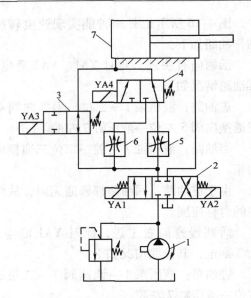

图 4-18　二次进给回路（二）
1—液压泵　2、3、4—换向阀
5、6—调速阀　7—液压缸

活塞向右快进时，YA1 通电，YA2、YA3、YA4 均断电，其油路情况如下：

进油路：液压泵 1→换向阀 2 左位→换向阀 3 右位→液压缸 7 左腔。

回油路：液压缸 7 右腔→换向阀 2 左位→油箱。

活塞向右一次工进时，YA1、YA3 通电，YA2、YA4 断电，其油路情况如下：

进油路：液压泵 1→换向阀 2 左位→调速阀 5→换向阀 4 右位→液压缸 7 左腔。

回油路：液压缸 7 右腔→换向阀 2 左位→油箱。

活塞向右二次工进时，YA1、YA3、YA4 通电，YA2 断电，其油路情况如下：

进油路：液压泵 1→换向阀 2 左位→调速阀 6→换向阀 4 左位→液压缸 7 左腔。

回油路：液压缸 7 右腔→换向阀 2 左位→油箱。

活塞向左快退时，YA2 通电，YA1、YA3、YA4 断电，此时油路情况如下：

进油路：液压泵 1→换向阀 2 右位→液压缸 7 右腔。

回油路：液压缸 7 左腔→换向阀 3 右位→换向阀 2 右位→油箱。

第四节　多缸顺序动作控制回路

用来实现多个执行机构依次动作的回路为多缸顺序动作控制回路，如回转台的抬起与回转，夹具的定位与夹紧等。多缸顺序动作控制回路按其控制方法不同可分为：用压力控制实现顺序动作的回路和用行程开关或行程阀控制实现顺序动作的回路两类。

一、用压力控制实现顺序动作的回路

用压力控制来实现顺序动作的回路包括利用顺序阀及压力继电器控制的顺序动作回路。

图 4-19 所示是用顺序阀控制的顺序动作回路。其动作顺序要求如图中①、②、③、④

四个箭头所示。

1）动作①为 A 缸活塞右移。当电磁铁 YA1 通电时，换向阀 2 左位接入系统工作，此时进油路为：液压泵 1→换向阀 2 左位→A 缸左腔，其活塞右移，实现第一个动作。此时经换向阀 2 左位来的油另一路流向单向顺序阀 4。在动作①没有完成前，系统压力低于单向顺序阀 4 的调定压力，该阀关闭，B 缸不动。回油路为：A 缸右腔→单向顺序阀 3 中单向阀→换向阀 2 左位→油箱。

2）动作②为 B 缸活塞右移。当动作①达到终点后，系统压力升高直至顶开单向顺序阀 4，B 缸的油路接通，油液进入 B 缸左腔，使活塞右移，实现第二个动作，其回油由 B 缸右腔经换向阀 2 左位流回油箱。

3）当电磁铁 YA1 断电时，右位接入系统工作，实现第三个动作。其进油路为：液压泵 1→换向阀 2 右位→一路进入 B 缸右腔，另一路流向单向顺序阀 3。同理，此时系统压力低于阀 3 的调定压力，阀关闭使此路不通。回油路为：B 缸左腔→单向顺序阀 4 中的单向阀→换向阀 2 右位→油箱。

4）当动作③走到终点后，系统压力升高直至顶开单向顺序阀 3，使顺序阀 3 的油液通过进入 A 缸右腔，使活塞左移，完成第四个动作，其回油路是由 A 缸左腔直接经换向阀 2 右位流回油箱。

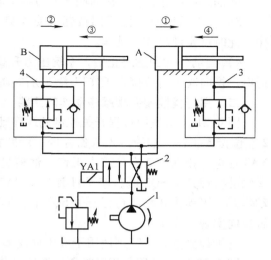

图 4-19　采用顺序阀控制的顺序动作回路
1—液压泵　2—换向阀　3、4—顺序阀

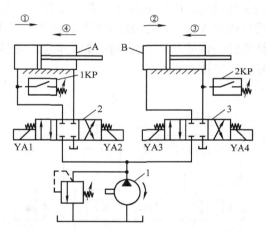

图 4-20　采用压力继电器控制的顺序动作回路
1—液压泵　2、3—换向阀

由此可见，①、②、③、④四个动作是前一个动作完成后，后一个动作才开始依次进行的。

图 4-20 所示是利用压力继电器控制的顺序动作回路。图中用压力继电器 1KP 和 2KP 分别控制电磁铁的通断电来实现顺序动作。

1）动作①：按起动按钮，YA1 通电，换向阀 2 左位接入系统工作，A 缸活塞右移。其油路为：

进油路：液压泵 1→换向阀 2 左位→A 缸左腔。

回油路：A 缸右腔→换向阀 2 左位→油箱。

2）当动作①到达终止后，系统压力升高，压力继电器 1KP 动作，使电磁铁 YA3 通电，使换向阀 3 左位接入系统工作，实现动作②。其油路为：

进油路：液压泵 1→换向阀 3 左位→B 缸左腔。

回油路：B缸右腔→换向阀3左位→油箱。

3）换向返回时，按返回按钮，使YA1、YA3断电，YA4通电，换向阀3右位接入工作，此时可实现第③个动作。

4）当动作③到达终止后，系统压力升高，压力继电器2KP动作，发出电信号，使YA2通电，换向阀2右位接入工作以实现动作④。

二、用行程控制实现顺序动作的回路

图4-21所示是用行程开关控制的顺序动作回路。按下起动按钮，使YA1通电，换向阀2左位接入工作，油液进入A缸左腔，活塞右移以实现动作①，当触动行程开关SQ1后则使YA3通电，换向阀3左位接入工作，油液进入B缸左腔，活塞右移，实现动作②。当动作②触动行程开关SQ2后，使YA1断电，YA2通电，换向阀2右位接入工作，A缸换向实现动作③。当动作③触动行程开关SQ3后，YA3断电，YA4通电，换向阀3右位接入工作，B缸换向实现动作④。

这种控制方式，特别适用于液压缸较多，顺序要求又比较严格的场合。

图4-22所示是用行程阀控制的顺序动作回路。按动按钮使换向阀2的YA1通电，左位接入系统工作，油液进入A缸左腔，活塞右移实现动作①。当A缸活塞杆上挡铁压下行程阀3的触头，使其上位接入系统工作后，油液进入B缸左腔，活塞右移，实现动作②。按动按钮使YA1断电，换向阀2右位接入工作，A缸换向，活塞左移，实现动作③，当A缸活塞杆挡铁脱开后，行程阀触头弹起，使其下位接入系统工作，油液进入B缸右腔，活塞左移，完成动作④。

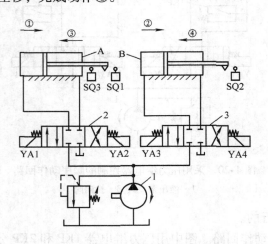

图4-21 采用行程开关控制的顺序动作回路
1—液压泵 2、3—换向阀

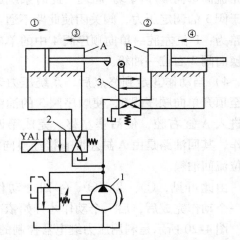

图4-22 采用行程阀控制的顺序动作回路
1—液压泵 2、3—换向阀

第五节 同步动作及多缸工作互不干扰回路

一、同步动作控制回路

在液压设备中，当要求两个以上的运动部件以相同的速度或相同的位移量进行运动，即要求实现同步运动时，就必须采用同步控制回路。

同步运动有速度同步和位置同步两种。速度同步是要求各缸的运动速度相等，位置同步则要求各缸在运动中或停止时位置处处相同。

液压系统中，由于各缸负载不均衡，摩擦与泄漏情况不同和存在制造误差等因素的影响，只能实现近似的同步运动，也就是说其同步运动是有一定误差的，必须根据同步精度的要求来合理选择同步回路。

图 4-23 所示是用节流阀调节的同步控制回路。由于液压缸 A、B 是并联的，所以也是一种并联调速的同步回路。液压缸 A、B 中的活塞分别由单向节流阀（或调速阀）3、4 来调控其运动速度，当要求同步时，通过节流阀 3、4 的流量必须调节得相同。由图可知，当 YA1 通电、YA2 断电时，来自液压泵 1 的油经过换向阀 2 的左位，再通过单向节流阀 3、4 中的单向阀进入两缸下腔，推动活塞上行，此时节流阀没有起到调节作用，因此这个方向难以同步。当 YA1 断电、YA2 通电时，来自液压泵的油经过换向阀 2 的右位进入两缸的上腔，推动活塞下行，此时在两缸的回油路上都有节流调速，可以实现同步。

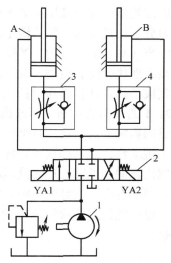

图 4-23　节流同步控制回路
1—液压泵　2—换向阀
3、4—单向节流阀

图 4-24 所示为可实现双向节流调节同步回路。当换向阀 2 的 YA1 通电、YA2 断电时，来自液压泵 1 的油经换向阀 2 的左位后分成两路：一路经单向阀 4、调速阀 3、单向阀 6 至的液压缸 A 的下腔，推动活塞上行；另一路经单向阀 9、调速阀 8、单向阀 11 至液压缸 B 的下腔，推动活塞上行。显然，两缸活塞上行时，进油路上都有调速阀调节可实现同步。

当换向阀 2 的 YA1 断电、YA2 通电时，来自液压泵 1 的油液在经过换向阀 2 的右位后也分成两路，分别直至两缸上腔，推动活塞下行。回油路为：

液压缸 A 下腔→单向阀 5→调速阀 3→单向阀 7→换向阀 2 右位→油箱。

液压缸 B 下腔→单向阀 10→调速阀 8→单向阀 12→换向阀 2 右位→油箱。

显然，在两缸的回油路上都有调速阀调节，活塞下行时，亦可实现同步。

二、多缸工作互不干扰回路

在一泵多缸的液压系统中，往往由于其中一个液压缸快速运动，而造成系统压力下降，影响其他液压缸工作进给的稳定性。因此，对于工作进给要求比较稳定的多缸液压系统，需采用多缸工作互不干扰回路。

多缸工作互不干扰回路的功能是使液压系统中几个执行元件在完成各自工作循环时彼此互不影响。

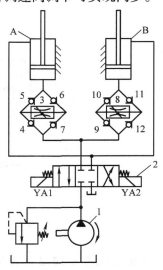

图 4-24　双向节流调节同步回路
1—液压泵　2—换向阀
3、8—调速阀
4、5、6、7、9、10、11、12—单向阀

　　图4-25所示是多缸快慢速互不干扰回路。各液压缸（图中仅画出两个液压缸）分别要完成快进→工进→快退的自动工作循环。回路采用双泵供油，高压小流量泵1提供各缸工进时所需的液压油，液压泵2为低压大流量泵，为各缸快进或快退时输送低压油。它们的供油压力分别由溢流阀3和4调定。

　　当YA1、YA2通电，YA3、YA4断电时，两液压缸均由大流量液压泵2供油，并作差动连接实现快速向右运动，此时液压泵1的供油路由换向阀7和换向阀8切断。如果液压缸A先完成了快进动作，通过挡块和行程开关使YA3通电、YA1断电，大流量液压泵2进入液压缸A的油路被切断，而改由小流量泵1供油，经调速阀5获得慢速工进，不受液压缸B快进的影响。当两液压缸都转换为工进时，皆由小流量液压泵1供油，如果液压缸A先完成工进动作，通过挡块和行程开关使YA1、YA3通电，液压缸A改由大流量泵2供油，使活塞快速向左返回，这时液压缸B仍由小流量泵1供油继续完成工进，不受液压缸A的影响。当所有电磁铁都断电时，两液压缸停止运动。

　　由于此回路的快慢速运动各由一个液压泵供油，因此，能够保证多缸快慢速运动互不干扰。

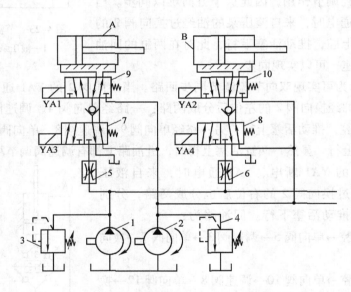

图4-25　多缸快慢速互不干扰回路
1—高压小流量泵　2—低压大流量泵　3、4—溢流阀
5、6—调速阀　7、8、9、10—电磁换向阀

本 章 小 结

　　液压系统基本回路是由有关液压元件组成并能完成某种特定功能的典型油路结构。任何一个液压系统，无论多么复杂，实际上都是由一些基本回路组成的。因此，掌握基本回路的组成、原理和特点将有助于认识分析一个完整的液压传动系统。本章主要介绍了方向控制回路、压力控制回路、速度控制回路、多缸顺序动作控制回路和同步

动作及多缸工作互不干扰回路等。学习本章内容时，应结合具体液压系统进行分析，理解各种回路的实际功能。

复习思考题

1. 什么是液压系统基本回路？常用的液压系统基本回路按其功能可分为哪几类？

2. 锁紧回路的功用是什么？哪几种中位滑阀机能的换向阀具有锁紧功能？

3. 什么是压力控制回路？压力控制回路在液压系统中有什么功用？

4. 速度控制回路的作用是什么？有哪几种调速方法？

5. 节流调速回路有哪几种形式？应用在哪类液压泵供油的液压系统中？

6. 什么是进油节流调速回路？什么是回油节流调速回路？它们各有哪些特性？应用在什么场合？

7. 换速回路的作用是什么？换速回路包括哪两种类型的速度转换？

8. 什么是顺序动作回路？按其控制方法不同有哪些类型？

9. 同步控制回路的作用是什么？有哪几种措施来实现同步回路？

10. 图 4-26 所示液压系统要实现"快进→工进→快退→停止"工作循环，试填写电磁铁动作顺序表（电磁铁通电为"＋"，断电为"－"）。

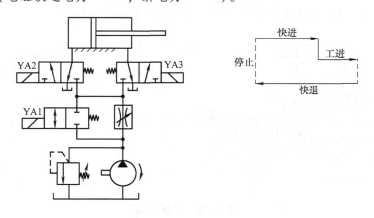

图 4-26 习题 10 图

电磁铁动作顺序表

动作顺序	YA1	YA2	YA3
快进			
工进			
快退			
停止			

11. 图 4-27 所示液压系统要实现"快进→工进→快退→原位停止及泵卸荷"工作循环，试填写电磁铁动作顺序表（电磁铁通电为"＋"，断电为"－"）。

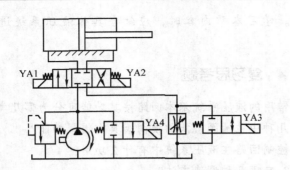
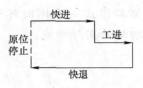

图 4-27　习题 11 图

电磁铁动作顺序表

动作顺序	YA1	YA2	YA3	YA4
快进				
工进				
快退				
原位停止及泵卸荷				

12. 图 4-28 所示液压系统实现"快进→中速进给→慢速进给→快退→停止"工作循环，试填写电磁铁动作顺序表（电磁铁通电为"＋"，断电为"－"）。

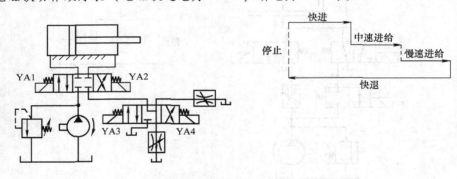

图 4-28　习题 12 图

电磁铁动作顺序表

动作顺序	YA1	YA2	YA3	YA4
快进				
中速进给				
慢速进给				
快退				
停止				

第五章　典型液压传动系统分析及液压设备常见故障排除

教学目标	1. 学会阅读液压传动系统的方法。
	2. 了解典型液压传动系统的工作原理。
	3. 熟悉液压系统常见故障及排除方法。
教学重点	组合机床动力滑台液压传动系统的工作原理及特点。
教学难点	典型液压传动系统的工作原理。

第一节　组合机床动力滑台液压系统

一、概述

组合机床是由具有一定功能的通用部件和一部分专用部件组成的高效率的专用机床。组合机床的基本组成如图 5-1 所示。

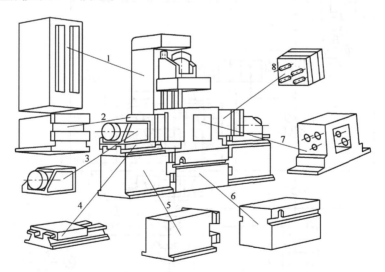

图 5-1　组合机床的基本组成

1—立柱　2—立柱底座　3—动力箱　4—滑台　5—侧底座　6—中间底座

7—夹具　8—多轴箱

其通用部件有动力箱 3、滑台 4、支承件（侧底座 5、立柱 1、立柱底座 2、中间底座 6）和输送部件（回转和移动工作台，图中未给出）等，专用部件有多轴箱 8 和夹具 7。它通常采用多轴、多刀、多面、多工位加工，能完成钻、扩、铰、镗、铣、攻螺纹、磨削及其他精加工工序。其加工范围广，自动化程度高，在成批和大量生产中得到了广泛的应用。这里只介绍组合机床动力滑台液压系统。

滑台上常安装有各种刀具，动力箱上的电动机带动刀具实现主运动（旋转运动），而滑台用来完成刀具的轴向进给运动。多数滑台采用液压驱动，以便实现自动工作循环"快速进给→一次工作进给→二次工作进给→挡块停留→快退→原位停止"等。组合机床动力滑台液压系统是一种以速度变换为主的中压系统。

该液压系统采用限压式变量叶片泵供油，电磁换向阀换向，行程阀实现快、慢速度转换，串联调速阀实现两种工作进给速度的转换，其最高工作压力不大于6.3MPa。液压滑台上的工作循环是通过固定在移动工作台侧面上的挡块直接压行程阀换位（或压行程控制电磁换向阀的通、断电）顺序实现的。

在阅读和分析图5-2所示的液压系统时，可参阅其电磁铁和行程阀动作顺序，见表5-1。

二、组合机床动力滑台液压系统工作原理

某动力滑台的工作最大进给速度为7.3m/min，最大推力为45kN，其系统如图5-2所示。

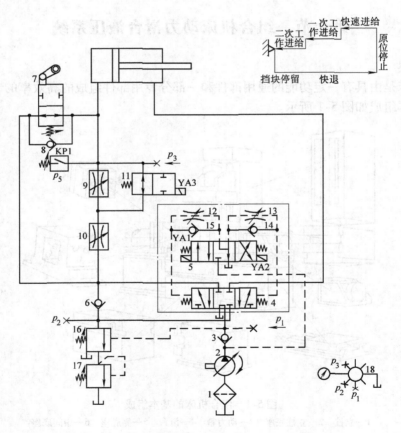

图5-2　组合机床动力滑台液压系统

1—过滤器　2—限压式变量叶片泵　3、6、8、14、15—单向阀
4—液控换向阀　5—先导电磁换向阀　7—行程阀
9、10—调速阀　11—二位二通电磁换向阀　12、13—节流阀
16—外控顺序阀　17—背压阀　18—压力表开关

表 5-1　电磁铁和行程阀动作顺序

动作顺序	YA1	YA2	YA3	行程阀 7
快速进给	+	−	−	−
一次工作进给	+	−	−	+
二次工作进给	+	−	+	+
止挡块停留	+	−	+	+
快退	−	+	−	+／−
原位停止	−	−	−	−

注："＋"表示电磁铁通电或行程阀压下，"－"表示电磁铁断电或行程阀复位（下同）。

1. 快速进给

按下起动按钮，先导电磁换向阀 5 的电磁铁 YA1 通电，使其左位接入系统，这时由泵输出的液压油经先导电磁换向阀 5 流入液控换向阀 4 的左端，使其左位接入系统工作。这时系统油路工作情况如下：

（1）控制油路

1）进油路：过滤器 1→限压式变量叶片泵 2→先导电磁换向阀 5（左位）→单向阀 15→液控换向阀 4（左端）。

2）回油路：液控换向阀 4（右端）→节流阀 13→先导电磁换向阀 5（左位）→油箱。

这时，液控换向阀 4 阀芯右移，阀左位接入系统工作。

（2）主油路

1）进油路：过滤器 1→限压式变量叶片泵 2→单向阀 3→液控换向阀 4（左位）→行程阀 7→液压缸左腔（无杆腔）。

2）回油路：液压缸右腔→液控换向阀 4（左位）→行程阀 7→液压缸左腔。

这时形成差动连接回路。快进时，由于滑台液压缸的负载较小，液压系统的工作压力较低，不至于打开外控顺序阀 16，液压缸形成差动连接。又因为限压式变量叶片泵 2 在低压下输出流量为最大，所以滑台快速进给。

2. 一次工作进给

当滑台快速运动到预定位置时，滑台上的挡块压下行程阀 7，使快速油路切断。这时电磁铁 YA1 继续通电，控制油路未变，但主油路中的液压油必经调速阀 10 和二位二通电磁换向阀 11（左位）进入液压缸左腔。由于工作进给时系统压力升高，这时外控顺序阀 16 开启，单向阀 6 关闭，液压缸右腔的液压油经外控顺序阀 16 和背压阀 17 流回油箱，同时，限压式变量叶片泵的流量也自动减少，与调速阀 10 控制的流量相适应而实现第一次工作进给。这时的主油路如下：

1）进油路：过滤器 1→限压式变量叶片泵 2→单向阀 3→液控换向阀 4（左位）→调速阀 10→二位二通电磁换向阀 11（左位）→液压缸左腔。

2）回油路：液压缸右腔→液控换向阀 4（左位）→外控顺序阀 16→背压阀 17→油箱。

3. 二次工作进给

第一次工作进给终了时，挡块压下行程开关，使电磁铁 YA3 通电，二位二通电磁换向阀 11 处于右位工作，油路关闭。这时控制油路与第一次工作进给时的相同，但主油路的液压油须经过调速阀 10 和 9 进入液压缸左腔。由于调速阀 9 的开口比调速阀 10 的开口小，因此，滑台实现第二次工作进给，其速度由调速阀9调节。这时的主油路如下：

1）进油路：过滤器1→限压式变量叶片泵2→单向阀3→液控换向阀4（左位）→调速阀10→调速阀9→液压缸左腔。

2）回油路：同第一次工作进给。

4. 止挡块停留

动力滑台第二次工作进给终了碰到止挡块时，滑台停止前进。这时液压缸左腔油压进一步升高，使压力继电器KP1动作而发出电信号给时间继电器，滑台停留时间由时间继电器控制。设置挡块可以提高滑台停留时的位置精度。

5. 快速退回

滑台停留到预定时间时，由时间继电器发出信号，使电磁铁YA2通电，YA1、YA3断电。这时先导电磁换向阀5右位接入系统，使液控换向阀4也换至右位工作，主油路换向。因滑台返回时负载小，系统压力较低，限压式变量叶片泵2的流量又恢复到最大值，所以滑台实现快速退回。这时的油路如下：

（1）控制油路

1）进油路：过滤器1→限压式变量叶片泵2→先导电磁换向阀5（右位）→单向阀14→液控换向阀4（右端）。

2）回油路：液控换向阀4（左端）→节流阀12→先导电磁换向阀5（右位）→油箱。

这时，液控换向阀4阀芯左移，阀右位接入系统工作。

（2）主油路

1）进油路：过滤器1→限压式变量叶片泵2→单向阀3→液控换向阀4（右位）→液压缸右腔（有杆腔）。

2）回油路：液压缸左腔→单向阀8→液控换向阀4（右位）→油箱。

6. 原位停止

当动力滑台退回到原始位置时，挡块压下行程开关使电磁铁YA2断电，先导电磁换向阀5和液控换向阀4都处于中位，液压缸失去动力来源，滑台停止运动。这时，限压式变量叶片泵2输出液压油经单向阀3和液控换向阀4流回油箱，限压式变量叶片泵卸荷。其中单向阀3的作用是在泵卸荷时，使控制油路中仍保持一定的控制压力，以保证先导电磁换向阀5通电时液控换向阀4能起动换向。

三、动力滑台液压系统的特点

由以上分析可以看出，该液压系统具有以下特点：

1）采用限压式变量叶片泵、调速阀和背压阀组成的容积节流调速回路，可使动力滑台获得稳定的低速运动、较好的速度-负载特性和较大的调速范围。

2）采用限压式变量叶片泵和差动连接回路，快进时能量利用比较经济合理，工进时限压式变量叶片泵只输出与液压缸相适应的流量，挡块停留时限压式变量叶片泵只输出补偿泵及系统泄漏需要的流量，系统没有溢流造成的功率损失，效率较高。

3）采用行程阀和液控顺序阀进行速度转换时，速度转换平稳可靠，转换位置精度高。

4）工作进给结束时采用挡块停留，工作台停留位置精度高。

5）采用串联调速阀的二次进给进口节流调速回路，可减小系统起动和进给速度转换时的冲击，同时还有利于利用压力继电器发出信号进行自动控制。

第二节　液压机液压系统

一、概述

液压机常用于可塑性材料的压制加工，如冲压、弯曲、翻边、薄板拉深等，也可用于校正、压装、塑料及粉末制品的压制成形工艺。液压机可以任意改变所施加压力及各行程速度的大小，因而能很好地满足各种压力加工工艺的要求。

液压机的种类很多，其中以四柱式最为典型。如图 5-3 所示，这种液压机由 4 个导向立柱、上、下横梁和滑块组成。在上、下横梁中安置着上、下两个液压缸，上液压缸为主缸，下液压缸为顶出缸。一般情况下，要求该液压机应能完成如下动作：

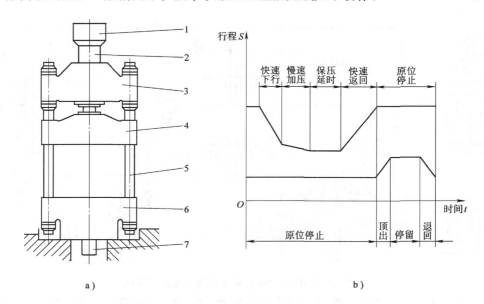

图 5-3　液压机的组成及工作循环

a）液压机的组成　b）液压机工作循环

1—充液筒　2—上液压缸　3—上横梁　4—滑块　5—导向立柱　6—下横梁　7—顶出缸

1）上液压缸驱动滑块实现"快速下行→慢速加压→保压延时→快速返回→原位停止"的工作循环。

2）下液压缸实现"向上顶出→停留→向下退回→原位停止"的工作循环。

3）在进行薄板拉深时，还需要利用顶出缸将坯料压紧，以实现浮动压边。

液压机的液压系统是以压力变换为主，流量较大的中、高压系统，一般工作压力范围为 10 ~ 40MPa，有些高达 100 ~ 150MPa。因此，要求其功率利用合理，工作平稳、安全可靠。

二、YB32—200 型液压机液压系统的工作原理

图 5-4 所示为 YB32—200 型液压机液压系统原理图，其中电磁铁及预泄换向阀的动作顺序见表 5-2。该系统由一个高压泵供油，控制油路中的液压油经主油路由减压阀 4 减压后得到，其工作情况如下：

1. 快速下行

电磁铁 YA1 通电，上缸先导阀 5 和上缸主换向阀 6 左位接入系统，液控单向阀 11 被打开，液压泵输出的油液通过顺序阀 7 和换向阀 6 左位进入上液压缸上腔，上液压缸下腔的油液则经液控单向阀 11、上缸主换向阀 6 左位和下缸换向阀 14 中位流回油箱，这时上滑块在自重作用下快速下行。其油路为：

1）进油路：液压泵 1→顺序阀 7→上缸主换向阀 6 左位→单向阀 10→上液压缸上腔。

2）回油路：上液压缸下腔→液控单向阀 11→上缸主换向阀 6 左位→下缸换向阀 14 中位→油箱。

因上滑块在自重的作用下快速下滑，而液压泵的流量较小，所以液压机顶部充液筒中的油液经液控单向阀 12 也进入上液压缸上腔。

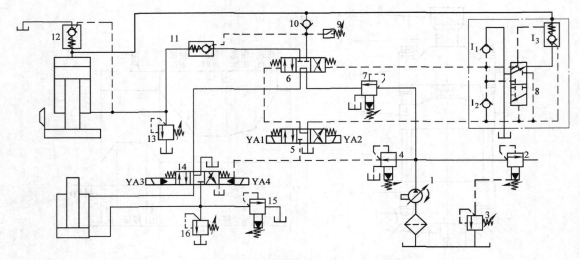

图 5-4　YB32—200 型液压机液压系统原理图

1—液压泵　2—泵站溢流阀　3—远程调压阀　4—减压阀　5—上缸先导阀　6—上缸主换向阀
7—顺序阀　8—预泄换向阀　9—压力继电器　10—单向阀　11、12—液控单向阀
13—上缸安全阀　14—下缸换向阀　15—下缸溢流阀　16—下缸安全阀

2. 慢速加压

上滑块在运行过程中接触到工件，这时上液压缸上腔压力升高，液控单向阀 12 关闭，加压速度便由液压泵的流量来决定，主油路的油液流动路线与快速下行时相同。

表 5-2　YB32—200 型液压机液压系统电磁铁及预泄换向阀动作顺序表

	动作顺序	YA1	YA2	预泄换向阀	YA3	YA4
上滑块	快速下行	+	－	上位	－	－
	慢速加压	+	－	上位	－	－
	保压延时	－	－	上位	－	－
	快速返回	－	+	下位	－	－
	原位停止	－	－	上位	－	－

（续）

	动作顺序	YA1	YA2	预泄换向阀	YA3	YA4
下滑块	向上顶出	-	-	上位	-	+
	停留	-	-	上位	-	+
	向下退回	-	-	上位	+	-
	原位停止	-	-	上位	-	-

3. 保压延时

当系统中的压力升高到压力继电器 9 的调定压力时，压力继电器开始动作，使电磁铁 YA1 断电，上缸先导阀 5 和上缸主换向阀 6 处于中位，这时，上液压缸上腔中的油液被封死并保持高压状态，实现保压。保压时间的长短由时间继电器（图中未画出）控制，可在 0 ～ 24min 内调节。在保压过程中液压泵处于低压卸荷状态，其油路为：

液压泵 1→顺序阀 7→上缸主换向阀 6 中位→下缸换向阀 14 中位→油箱。

4. 泄压快速返回

保压时间结束后，时间继电器发出信号，使电磁铁 YA2 通电。为防止系统由保压状态快速向快速返回状态切换而产生压力冲击使上滑块动作不平稳，系统中设置了预泄换向阀 8，它的功用是在电磁铁 YA2 通电后，控制油液通过上缸先导阀 5 右位后只能在上液压缸上腔泄压后才能通过预泄换向阀 8 进入上缸主换向阀 6 的右控制腔，使上缸主换向阀 6 换向。预泄换向阀 8 的动作过程如下：

在保压阶段，预泄换向阀 8 上位工作，当电磁铁 YA2 通电后，上缸先导阀 5 右位接入系统中，控制油液经上缸先导阀 5 右位同时作用在预泄换向阀 8 的下腔和液控单向阀 I_3 上，由于预泄换向阀 8 上腔高压未曾卸除，阀芯不动。而此时液控单向阀 I_3 则在控制油液的作用下打开，使上液压缸上腔的油液通过液控单向阀 I_3、预泄换向阀 8 上位流回油箱，使上液压缸上腔泄压。当压力卸除后，预泄换向阀 8 在控制油液的作用下换向，使其下位接入系统，切断上液压缸上腔泄压通道，同时使控制油液经预泄换向阀 8 下位使上缸主换向阀 6 的右控制腔，使其右位接入系统，泵输出的油液经该阀右位、液控单向阀 11 进入上液压缸下腔，使上滑块快速返回。其油路为：

进油路：液压泵 1→顺序阀 7→上缸主换向阀 6 右位→液控单向阀 11→上液压缸下腔。

回油路：上液压缸上腔→液控单向阀 12→充液筒。

上滑块在快速返回过程中，从回油路进入充液筒中的油液超过预定液位时，可从充液筒中的溢流管流回油箱。另外，上缸主换向阀 6 在由左位切换到右位的过程中，阀芯右控制腔由油箱经单向阀 I_1 补油，在由右位切换到中位的过程中，阀芯右控制腔的油液经单向阀 I_2 流回油箱。

5. 原位停止

当上滑块上升到预定高度时，挡块压下行程开关，电磁铁 YA2 断电，上缸先导阀 5 和上缸主换向阀 6 均处于中位，上液压缸停止运动，并在液控单向阀 11 和上缸溢流阀 13 的支撑作用下处于平衡状态，此时液压泵在较低的压力下卸荷。

6. 下滑块顶出缸的顶出和返回

顶出缸向上顶出时，电磁铁 YA4 通电，下缸换向阀 14 右位接入系统，泵输出的油液经顺序阀 7、上缸主换向阀 6 中位和下缸换向阀 14 右位进入顶出缸下腔，其上腔油液则经下缸换向阀 14 右位流回油箱。其油路为：

　　进油路：液压泵 1→顺序阀 7→上缸主换向阀 6 中位→下缸换向阀 14 右位→顶出缸下腔。

　　回油路：顶出缸上腔→下缸换向阀 14 右位→油箱。

　　当顶出缸顶出到行程终点时，下滑块便处于停留状态。

　　顶出缸向下退回时，电磁铁 YA4 断电，YA3 通电，下缸换向阀 14 左位接入系统，泵输出的油液经顺序阀 7、上缸主换向阀 6 中位和下缸换向阀 14 左位进入顶出缸上腔，其下腔油液则经下缸换向阀 14 左位流回油箱。其油路为：

　　进油路：液压泵 1→顺序阀 7→上缸主换向阀 6 中位→下缸换向阀 14 左位→顶出缸上腔。

　　回油路：顶出缸下腔→下缸换向阀 14 左位→油箱。

　　当顶出缸退回到终点时，电磁铁 YA3、YA4 均断电，下缸换向阀 14 处于中位状态，滑块原位停止，液压泵低压卸荷。

三、YB32—200 型液压机液压系统的特点

　　1）系统中使用一台轴向柱塞式恒功率变量泵供油，最高工作压力由泵站溢流阀调定。

　　2）系统中顺序阀的调定压力为 2.5MPa，从而使液压泵必须在 2.5MPa 的压力下卸荷，也使控制油路具有一定的工作压力（由减压阀调定为大于 2.0MPa）。

　　3）系统中采用了专用的预泄换向阀来实现上滑块快速返回前的泄压，保证其动作平稳，防止换向时的液压冲击和噪声。

　　4）系统利用管道和油液的弹性变形来保压，方法简单，但对液控单向阀和液压缸等件的密封性能要求较高。

　　5）系统中上、下两液压缸的动作协调由上、下两缸换向阀的互锁来保证，一个缸必须在另一个缸静止时才能动作。但在拉深薄板时，为了实现"压边"工步，上液压缸活塞必须推着下液压缸活塞移动（下液压缸顶出到预定位置后使下缸换向阀处于中位，上液压缸下压时，下液压缸活塞随之被压下），这时下液压缸下腔中的油液只能经下缸溢流阀流回油箱，从而建立起所需要的"压边"力，而其上腔经下缸换向阀的中位或吸收上液压缸下腔中的回油或由油箱补油。

　　6）系统中的两个液压缸各有一个溢流阀进行过载保护。

第三节　数控车床液压系统

一、概述

　　装有计算机数字控制系统的车床简称为数控车床。在数控车床上进行车削加工时，其自动化程度高，能获得较高的加工质量。目前，在数控车床上，大多都应用了液压传动系统。图 5-5 所示是数控车床组成。

二、数控车床液压系统的工作原理

　　图 5-6 是 MJ—50 型数控车床液压系统原理图，它主要承担卡盘、回转刀架与刀盘及尾座套筒的驱动与控制，它能实现卡盘的夹紧与放松及两种夹紧力（高与低）之间的转换；回转刀盘的正反转及刀盘的松开与夹紧；尾座套筒的伸缩。液压系统中所有电磁铁的通、断

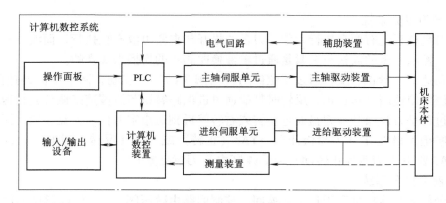

图 5-5　数控车床组成

电均由数控系统用可编程序控制器（PLC）来控制。整个系统由卡盘、回转刀盘及尾座套筒 3 个分系统组成，并以一变量液压泵为动力源。系统的压力值调定为 4MPa。

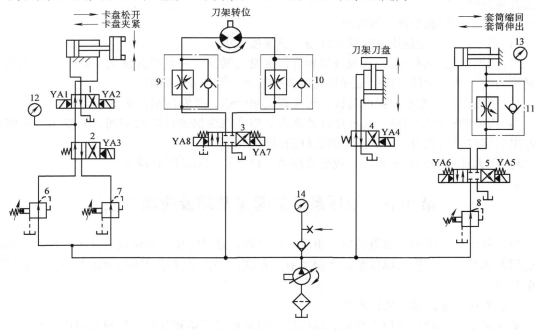

图 5-6　MJ—50 型数控车床液压系统原理图

1. 卡盘分系统

卡盘分系统由一个二位四通电液换向阀 1（带两个电磁铁）、一个二位四通电液换向阀 2、两个减压阀 6、7 和一个液压缸组成。

高压夹紧：YA1 通电、YA3 断电，换向阀 1 和 2 均位于左位。夹紧力的大小可通过减压阀 6 调节。这时液压缸活塞左移使卡盘夹紧（称正卡或外卡），阀 6 的调定值高于阀 7，卡盘处于高压夹紧状态。松夹时，使 YA1 断电、YA2 通电，换向阀 1 切换至右位。活塞右移，卡盘松开。

低压夹紧：这时 YA3 通电而使换向阀 2 切换至右位，液压油经减压阀 7 进入。通过调节阀 7 便能实现低压夹紧状态下的夹紧力。

2. 回转刀盘分系统

回转刀盘分系统有两个执行元件，刀盘的松开与夹紧由液压缸执行，而液压马达则驱动刀盘回转。控制刀盘的放松与夹紧是通过电液换向阀4的切换来实现的。

液压马达即刀盘正、反转通过三位四通换向阀3的切换控制，两个单向调速阀9和10与变量液压泵使液压马达在正、反转时都能通过进油路容积节流调速来调节旋转速度。自动换刀完整过程是刀盘松开→刀盘通过左转或右转就近到达指定刀位→刀盘夹紧。因此电磁铁的动作顺序是YA4通电（刀盘松开）→YA8（正转）或YA7（反转）通电（刀盘旋转）→YA8或YA7断电（刀盘停止转动）→YA4断电（刀盘夹紧）。

3. 尾座套筒分系统

尾座套筒通过液压缸实现顶出与缩回。控制回路由减压阀8、三位四通换向阀5和单向调速阀11组成。减压阀8将系统压力降为尾座套筒顶紧所需的压力。单向调速阀11用于在尾座套筒伸出时实现回油节流调速控制伸出速度。YA6通电，尾座套筒伸出。YA5通电，尾座套筒缩回。

三、数控车床液压系统的特点

1）采用单向变量液压泵向系统供油，能量损失小。

2）用换向阀控制卡盘，实现高压和低压夹紧的转换，并且可分别调节高压夹紧或低压夹紧压力的大小。这样可根据工件情况调节夹紧力，操作方便简单。

3）用液压马达实现刀架的转位，可实现无级调速，并能控制刀架正、反转。

4）用换向阀控制尾座套筒液压缸的换向，以实现套筒的伸出或缩回，并能调节尾座套筒伸出工作时的预紧力，以适应不同工件的需要。

5）压力计可分别显示系统相应处的压力，以便于故障诊断和调节。

第四节　液压系统的常见故障及排除方法

液压系统在工作中不可避免地会出现一些故障，这就需要对故障进行分析，找出故障出现的原因和部位，并将故障排除。下面对液压系统一些常见故障出现的原因及排除方法进行简单介绍。

一、液压系统故障产生的原因

液压系统的故障是多种多样的，虽然控制油液免受污染和及时维护检查可以减少故障的发生，但并不能完全杜绝故障。

一般来说，液压系统的故障往往是多种因素综合影响的结果。造成故障的原因主要有以下几种：

1）由于液压油和液压元件使用或维护不当，使液压元件的性能变坏、损坏、失灵而引起的故障。

2）装配、调整不当而引起的故障。

3）由于设备年久失修、零件磨损、精度超差或元件制造误差而引起的故障。

4）元件选用和回路设计不当所致。

前几种故障可以通过修理或调整的方法来加以解决，而后一种必须根据实际情况，弄清原因后对系统进行改进。

　　还有一种最容易出现的故障是由于维修不当造成的，如采用柔性连接时把进回油路接反，采用板式结构的系统中，把前后对称的溢流阀装反。

二、液压系统常见的故障分析与排除

　　液压传动是在封闭的情况下进行的，一般无法从外部直接观察到系统内部，因此，当系统出现故障时，要寻找故障产生的原因往往有一定的难度。能否分析出故障产生的原因并排除故障，一方面取决于对液压传动知识的理解和掌握程度，另一方面有赖于实践经验的不断积累。液压系统的常见故障及排除方法见表5-3。

表5-3　液压系统常见故障及排除方法

故障现象	产　生　原　因	排　除　方　法
油温过高	① 冷却器通过能力下降或出现故障 ② 油箱容量小或散热性差 ③ 压力调控不当，长期在高压下工作 ④ 管路过细且弯曲，造成压力损失增大，引起发热 ⑤ 环境温度较高	① 排除故障或更换冷却器 ② 增大油箱容量，增设冷却装置 ③ 限定系统压力，必要时改进设计 ④ 加大管径，缩短管路，使油液流动通畅 ⑤ 改善环境，隔绝热源
振动	① 液压泵：密封不严吸入空气，安装位置过高，吸油阻力大，齿轮齿形精度不够，叶片卡死断裂，柱塞卡死移动不灵活，零件磨损使间隙过大 ② 液压油：液位太低，吸油管插入液面深度不够，油液粘度太大，过滤器堵塞 ③ 溢流阀：阻尼孔堵塞，阀芯与阀体配合间隙过大，弹簧失效 ④ 其他阀芯移动不灵活 ⑤ 管道：管道细长，没有固定装置，互相碰撞，吸油管与回油管太近 ⑥ 电磁铁：电磁铁焊接不良，弹簧过硬或损坏，阀芯在阀体内卡住 ⑦ 机械：液压泵与电动机联轴器不同轴或松动，运动部件停止时有冲击，换向时无阻尼，电动机振动	① 更换吸油口密封件，吸油管口至泵进油口高度差要小于500mm，保证吸油管直径，修复或更换损坏的零件 ② 加油，增加吸油管长度到规定液面深度，更换合适粘度的液压油，清洗过滤器 ③ 清洗阻尼孔，修配阀芯与阀体的间隙，更换弹簧 ④ 清洗，去毛刺 ⑤ 设置固定装置，扩大管道间距及吸油管和回油管间距离 ⑥ 重新焊接，更换弹簧，清洗及研配阀芯和阀体 ⑦ 保持泵与电动机轴的同轴度误差不大于0.1mm，采用弹性联轴器，紧固螺钉，设置阻尼或缓冲装置，电动机作平衡处理
冲击	① 蓄能器充气压力不够 ② 工作压力过高 ③ 先导阀、换向阀制动不灵及节流缓冲慢 ④ 液压缸端部无缓冲装置 ⑤ 溢流阀故障使压力突然升高 ⑥ 系统中有大量空气	① 给蓄能器充气 ② 调整压力至规定值 ③ 减少制动锥斜角或增加制动锥长度，修复节流缓冲装置 ④ 增设缓冲装置或背压阀 ⑤ 修理或更换 ⑥ 排除空气

（续）

故障现象	产生原因	排除方法
系统无压力或压力不足	① 溢流阀开启，由于阀芯被卡住，不能关闭，阻尼孔堵塞，阀芯与阀座配合不好或弹簧失效 ② 其他控制阀阀芯由于故障卡住，引起卸荷 ③ 液压元件磨损严重或密封件损坏，造成内、外泄漏 ④ 液位过低，吸油管堵塞或油温过高 ⑤ 泵转向错误，转速过低或动力不足	① 修研阀芯与阀体，清洗阻尼孔，更换弹簧 ② 找出故障部位，清洗或研修，使阀芯在阀体内能够灵活运动 ③ 检查泵、阀及管路各连接处的密封性，修理或更换零件和密封件 ④ 加油，清洗吸油管路或冷却系统 ⑤ 检查动力源
流量不足	① 油箱液位过低，油液粘度较大，过滤器堵塞引起吸油阻力过大 ② 液压泵转向错误，转速过低或空转磨损严重，性能下降 ③ 管路密封不严，空气进入 ④ 蓄能器漏气，压力及流量供应不足 ⑤ 其他液压元件及密封件损坏引起泄漏 ⑥ 控制阀动作不灵	① 检查液位，补油，更换粘度适宜的液压油，保证吸油管直径足够大 ② 检查原动机、液压泵及变量机构，必要时换液压泵 ③ 检查管路连接及密封是否正确可靠 ④ 检修蓄能器 ⑤ 修理或更换 ⑥ 调整或更换
泄漏	① 接头松动，密封件损坏 ② 阀与阀板之间的连接不好或密封件损坏 ③ 系统压力长时间大于液压元件或附件的额定工作压力，使密封件损坏 ④ 相对运动零件磨损严重，间隙过大	① 拧紧接头，更换密封件 ② 加大阀与阀板之间的连接力度，更换密封件 ③ 限定系统压力，或更换许用压力较高的密封件 ④ 更换磨损零件，减小配合间隙

本 章 小 结

　　本章主要介绍了组合机床动力滑台液压系统、液压机液压系统和 MJ—50 型数控车床液压系统的工作原理，以及液压系统常见故障及排除方法，意在使学生掌握阅读一般液压传动系统的方法，以及培养分析液压系统故障和排除故障的能力。本章是前面几章所学知识的综合运用，内容理解起来有一定难度，最好配合有关实习课程讲解。

复习思考题

　　1. 图 5-2 所示组合机床动力滑台液压系统由哪些基本回路组成？如何实现差动连接？采用行程阀进行快慢速切换有何特点？

　　2. 图 5-7 所示为专用铣床液压系统，要求机床工作台一次可装夹两个工件，并能同时加工。工件的上料、卸料由手工完成，工件的夹紧及工作台进给运动由液压系统完成。机床的工作循环为"手工上料→工件自动夹紧→工作台快进→铣削进给→工作台快退→夹具松开→手工卸料"。试填写电磁铁和压力继电器动作顺序表，并回答下列问题：

　　1）系统由哪些基本回路组成？

　　2）哪些工况由双泵供油，哪些工况由单泵供油？

　　3）说明元件 6、7 在系统中的作用。

电磁铁和压力继电器动作顺序表

电磁铁和压力继电器 动作顺序	YA1	YA2	YA3	YA4	KP1
手工上料					
工件自动夹紧					
工作台快进					
铣削进给					
工作台快退					
夹具松开					
手工卸料					

3. 液压系统有哪些常见的故障？造成故障的主要原因有哪些？

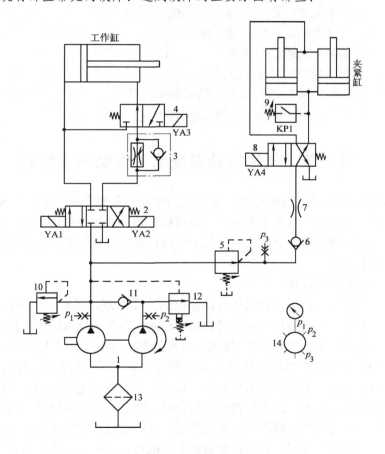

图 5-7　习题 2 图

1—双联叶片泵　2、4、8—换向阀　3—单向调速阀
5—减压阀　6、11—单向阀　7—节流阀　9—压力继电器
10—溢流阀　12—外控顺序阀　13—过滤器　14—压力表开关

下篇　气压传动

第六章　气压传动概述

教学目标　1. 掌握气压传动的概念及其组成。
　　　　　　2. 熟悉气压传动系统的工作原理。
　　　　　　3. 了解气动技术的应用及特点。
　　　　　　4. 了解空气的主要性质。
教学重点　1. 气压传动的概念。
　　　　　　2. 气压传动系统的工作原理及其组成。
教学难点　气压传动系统的工作原理

第一节　气压传动系统的工作原理及组成

气动（Pneumatic）是"气动技术"或"气压传动与控制"的简称。气动技术是以空气压缩机为动力源，以压缩空气为工作介质，进行能量传递或信号传递的工程技术，是实现各种生产控制、自动控制的重要手段之一。其中气压传动是以空气为工作介质进行能量传递及控制的一种传动形式。

一、气压传动的工作原理

以气动剪切机为例，简单介绍气压传动系统的工作原理。图 6-1a 为气动剪切机的工作原理图。空气压缩机 1 产生的压缩空气经过后冷却器 2 和分水排水器 3 进行降温及初步净化处理后储存在储气罐 4 中，再经空气过滤器 5、减压阀 6 和油雾器 7 后，部分气体到达气控换向阀 9 的 A 腔，A 腔压力将阀芯推到上端（图标位置），气体经由换向阀使气缸 10 的上腔充压，活塞处于下位，剪切机的剪口张开，处于预备工作状态。当送料机构将工料 11 送入剪切机并到达规定位置时，压下行程阀 8 的顶杆，使其阀芯向右移动，行程阀使换向阀的 A 腔与大气相通，换向阀 9 的阀芯在弹簧力作用下下移复位，使气缸上腔经由换向阀与大气连通，下腔则与压缩空气连通，此时活塞带动下切削刃快速向上，形成剪切运动，将工料切下。工料被切，落下后即与行程阀脱开，行程阀 8 的阀芯左移复位，阀芯将排气通道封闭，使换向阀的 A 腔气压上升，导致其阀芯上移，气路换向。压缩空气则经由换向阀进入气缸的上腔，下腔排气，气缸的活塞带动下切削刃向下运动，系统又恢复到图示的预备状态，等待第二次进料剪切。气路中的换向阀根据行程阀的指令不断改变压缩空气的通路，使气缸活塞带动剪切机构实现剪切工料和切削刃复位的动作。

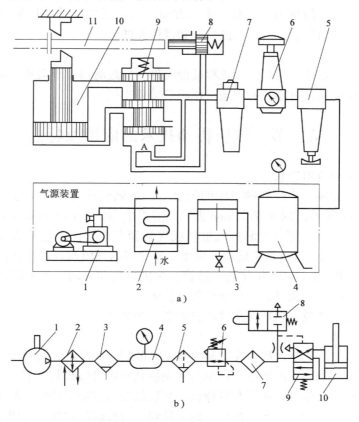

图 6-1　气动剪切机工作原理图

a）结构原理　b）图形符号

1—空气压缩机　2—后冷却器　3—分水排水器　4—储气罐
5—空气过滤器　6—减压阀　7—油雾器　8—行程阀
9—气控换向阀　10—气缸　11—工料

由上述例子可将气压传动系统的工作原理概括为：压缩空气的产生与净化、净化空气的调节与控制、执行机构完成工作机器的要求。

图 6-1a 所示的气压传动系统图是一种结构原理图，为了简化原理图的绘制，可用图形符号代替各元件。图 6-1b 即为用图形符号表示的气动剪切机工作原理图。

二、气压传动系统的组成

由上例可知，气压传动系统由以下四部分组成。

1. 动力元件

它将原动机（如电动机）供给的机械能转变为气体的压力能，为各类气动设备提供动力。用气量较大的厂矿一般都专门建立压缩空气站，通过输送管道统一向各用气点分配压缩空气。

2. 执行元件

如气缸和气马达。它能将气体的压力能转换为机械能，输出力和速度（或转矩和转速），以驱动工作部件。

3. 控制元件

用以控制压缩空气的压力、流量和流动方向，以保证执行元件具有一定的输出力和速度。这类元件包括压力阀、方向阀、流量阀和逻辑元件等。

4. 辅助元件

除上述三类元件以外，其余元件统称辅助元件，如过滤器、干燥器、消声器、油雾器和管件等。它们对保证系统可靠、稳定地工作起着重要作用。

第二节　气压传动技术的应用及特点

一、气动技术的应用现状

人们利用空气的能量完成各种工作的历史可以追溯到远古，但作为气动技术应用的雏形，大约开始于 1776 年，John Wilkinson 发明了能产生 1at（1at = 98066.5 Pa）左右压力的空气压缩机。1880 年，人们第一次利用气缸做成气动刹车装置，将它成功地用到火车的制动上。20 世纪 30 年代初，气动技术成功地应用于自动门的开闭及各种机械的辅助动作上。进入到 20 世纪 60 年代尤其是 70 年代初，随着工业机械化和自动化的发展，气动技术才广泛应用在生产自动化的各个领域，形成现代气动技术。

下面简要介绍生产技术领域应用气动技术的一些例子。

1. 汽车制造行业

现代汽车制造工厂的生产线，尤其是主要工艺的焊接生产线，几乎无一例外地采用了气动技术，如：车身在每个工序的移动；车身外壳被真空吸盘吸起和放下，在指定工位的夹紧和定位；定位焊机焊头的快速接近和减速软着陆后的变压控制定位焊，都采用了各种特殊功能的气缸及相应的气动控制系统。高频率的定位焊、力控的准确性及完成整个工序过程的高度自动化，堪称是最有代表性的气动技术应用之一。另外，搬运装置中使用的高速气缸（最大速度达 3m/s）、复合控制阀的比例控制技术都代表了当今气动技术的新发展。

2. 电子、半导体制造行业

在彩电、冰箱等家用电器产品的装配生产线上，在半导体芯片、印制电路板等各种电子产品的装配流水线上，不仅可以看到各种大小不一、形状不同的气缸、气爪，还可以看到许多灵巧的真空吸盘将一般气爪很难抓起的显像管、纸箱等物品轻轻地吸住，运送到指定位置上。对加速度限制十分严格的芯片搬运系统，采用了平稳加速的 SIN 气缸。这种气缸具有特殊的加减速机构，可以平稳地将盛满水的水杯从 A 点送到 B 点，并保证水不溢出。为了提高试验效率和追求准确的试验结果，摩托罗拉采用了由小型气缸和控制阀构成的携带式电话性能寿命试验装置，不仅可以随意地改变按键动作频率，还可以根据需要，随时改变按键动作的力度。对环境洁净度要求高的场所，可以选用洁净系列的气动元件，这种系列的气缸、气阀及其他元件有特殊的密封措施。

3. 生产自动化的实现

20 世纪 60 年代，气动技术主要作为辅助传动用于比较繁重的作业领域。现在，为了保证产品质量的均一性，减轻工人单调或繁重的体力劳动，提高生产率，降低成本，在工业生产的各个领域都已广泛使用了气动技术。在缝纫机、自行车、手表、洗衣机、自动和半自动机床等许多行业的零件加工和组装生产线上，工件的搬运、转位、定位、夹紧、进给、装卸、装配、清洗、检测等许多工序中都使用了气动技术。气动木工机械可完成挂胶、压合、切割、刨光、开槽、打榫、组装等许多作业。自动喷气式织布机、自动清洗机、冶金机械、印刷机械、建筑机械、农业机械、制鞋机械、塑料制品生产线、人造革生产线、玻璃制品加工线等许多场合都大量使用了气动技术。

4. 包装自动化的实现

气动技术还广泛应用于化肥、化工、粮食、食品、药品等许多行业，实现粉状、粒状、块状物料的自动计量包装；烟草工业的自动卷烟和自动包装等许多工序；黏稠液体（如油漆、油墨、化妆品、牙膏等）和有毒气体（如煤气等）的自动计量灌装。

由上面所举例子可见，气动技术在各行各业已得到广泛地应用。

二、气动技术的特点

20 世纪 80 年代以来，自动化技术得到迅速发展。自动化技术的实现方式主要有机械方式、电气方式、电子方式、液压方式和气动方式等，这些方式都有各自的优缺点及其最适合的使用范围，任何一种方式都不是万能的，在实现生产设备、生产线的自动化时，必须对各种技术进行比较，扬长避短，选出最适合方式或几种方式的恰当组合，使装备更可靠、更经济、更安全、更简单。

气动技术与其他的传动和控制方式相比，其主要优缺点如下：

（1）优点

1）气动装置结构简单、轻便、安装维护简单，压力等级低，故使用安全。

2）工作介质是取之不尽、用之不竭的空气，排气处理简单，不污染环境，成本低。

3）输出力及工作速度的调节非常容易。气缸动作速度一般为 50~500mm/s，比液压和电气方式的动作速度快。

4）可靠性高，使用寿命长。电气元件的有效动作次数约为数百万次，而一般电磁阀的寿命大于 3000 万次，小型阀则超过 1 亿次。

5）利用空气的可压缩性，可储存能量，实现集中供气。可以在短时间释放能量，以获得间歇运动中的高速响应；可实现缓冲，对冲击负载和过载有较强的适应能力；在一定条件下，可使气动装置有自保护能力。

6）全气动控制具有防火、防爆、耐潮的能力。与液压方式相比，气动方式可在高温场合使用。

7）由于空气流动损失小，压缩空气可集中供应，远距离输送。

（2）缺点

1）由于空气有压缩性，气缸的动作速度易随负载的变化而变化。采用气液联动方式可以克服这一缺陷。

2）气缸在低速运动时，由于摩擦力占推力的比值较大，气缸的低速稳定性不如液压缸。

3）虽然在许多应用场合，气缸的输出力能满足工作要求，但其输出力比液压缸小。

4）有较大的排气噪声。

5）因空气无润滑性能，故在气路中一般应设置供油润滑装置。

第三节 空气的主要性质

空气的组成与所处的状态有关，在地表与高空也有差别，但在距地表 20km 以内，其组成几乎不变，其中，氮气和氧气是空气中比例最大的两种气体，由于氮气十分稳定，所以空气可以用在多种场合。

空气的主要性质包括密度、黏性、压缩性、膨胀性、湿度等。这里只介绍空气的重要性质之一——湿度。

含有水蒸气的空气称为湿空气。在一定温度下，含水蒸气越多，空气就越潮湿。当空气中水蒸气的含量超过某一限量时，空气中就有水滴析出，这就表明湿空气中能容纳水蒸气的数量是有一定限度的，把这种极限状态的湿空气称为饱和湿空气。

由于湿空气在一定的温度和压力条件下，能在气动系统的局部管道和气动元件中凝结成水滴，促使气动管道和气动元件生锈，导致气动系统工作失灵，影响系统的稳定性与寿命。因此，气动系统往往必须采取适当措施，减少压缩空气中所含的水分，防止水分的带入。

为了表明湿空气中所含水分的程度，可用湿度表示。

1. 绝对湿度

湿空气的绝对湿度是指单位湿空气体积中所含的水蒸气质量，即

$$Z = \frac{m_s}{V} \tag{6-1}$$

式中　　Z——绝对湿度（g/m^3）；

　　　　m_s——空气中溶解的水的质量（g）；

　　　　V—— 湿空气体积（m^3）。

若在一定温度下，湿空气中所含水蒸气的量达到最大限度时，则称此条件下的绝对湿度为饱和湿度，用 Z_b 表示。

绝对湿度表明了湿空气中所含水蒸气的多少，但它还不能说明湿空气所具有的吸收水蒸气的能力大小。因此，要了解湿空气的吸湿能力及它离开饱和状态的程度，就需要引入相对湿度的概念。

2. 相对湿度

相对湿度是指湿空气在其温度和总压力不变的条件下，其绝对湿度 Z 与饱和绝对湿度 Z_b 的比值，用 φ 表示。

$$\varphi = \frac{Z}{Z_b} \tag{6-2}$$

相对湿度反映了湿空气达到饱和的程度，即空气继续吸收水分的能力。空气绝对干燥时，相对湿度为 0，表示空气吸收水气的能力最强，反之，湿空气达到饱和，相对湿度为 1，湿空气不再吸收水气。空气相对湿度越低越好。气动技术条件中规定的各种阀的工作介质的相对湿度均不得大于 95%。

这里需要注意的是，当空气的温度下降时，空气中水蒸气的含量是降低的。因此，要想减少空气中所含的水分，采用降低进入气动设备的空气温度的方法是一种成本低廉、操作便

利的方法，在实际中的应用十分广泛。

本 章 小 结

气压传动是以空气为工作介质进行能量传递及控制的一种传动形式。本章主要介绍了气压传动系统的工作原理和组成，以及气动技术的应用现状及特点。因湿度会影响系统的稳定性与寿命，所以学生应掌握空气湿度的计算方法，并注意减少压缩空气中所含的水分，防止水分的带入。

复习思考题

1. 什么叫气压传动？试简述其工作原理。
2. 气压传动系统由哪几部分组成？试说明各组成部分的作用。
3. 气压传动与其他传动相比有哪些主要优缺点？

第七章 气压传动元件

教学目标	1. 掌握各种气压传动元件的功用及图形符号。
	2. 熟悉各种气压传动元件的工作原理（需要说明的是：对于气缸结构、原理、推力的计算、换向阀图形符号的表示与液压传动中类似，此处不再赘述）。
教学重点	1. 压力控制阀、流量控制阀和方向控制阀的工作原理。
	2. 气压传动元件的功用及图形符号。
教学难点	各种气压传动元件的工作原理。

第一节 动力元件及气动辅助元件

一、气压动力元件——空气压缩机（简称空压机）

1. 空气压缩机分类

空气压缩机的种类很多，分类形式也有多种。如按工作原理的不同来划分，则可分为动力式空气压缩机和容积式空气压缩机。在气压传动中，一般采用容积式空气压缩机。

容积式空气压缩机是指通过运动部件的位移，使一定容积的气体顺序地吸入和排出封闭空间以提高静压力的压缩机。这种压缩机按结构形式又可分为往复式和回转式空气压缩机。其中最常用的是油润滑的活塞式低压空气压缩机。由它产生的空气压力通常小于1MPa。

2. 活塞式空气压缩机的工作原理

图7-1为活塞式空气压缩机的工作原理。图中曲柄8作回转运动，通过连杆7、活塞杆4，带动气缸活塞3直线往复运动。

当活塞3向右运动时，气缸2腔内形成局部真空，吸气阀9打开，空气在大气压力作用下进入气缸腔内，此过程称为吸气过程；当活塞3向左运动时，吸气阀9关闭，这时气缸内的空气被活塞3压缩，

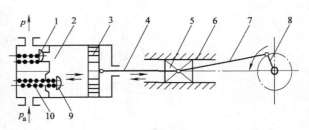

图7-1 活塞式空气压缩机工作原理

1—排气阀 2—气缸 3—活塞 4—活塞杆 5、6—十字头与滑道 7—连杆 8—曲柄 9—吸气阀 10—弹簧

此过程为压缩过程；当气缸内被压缩空气的压力高于排气管内的压力时，排气阀1即被打开，压缩空气进入排气管内，此过程为排气过程。图中仅表示一个活塞一个缸的空气压缩机，大多数空气压缩机是多缸多活塞的组合。

3. 空气压缩机的选用原则

气压传动系统所需的工作压力和流量是选择空气压缩机的两个主要参数。一般空气压缩机为中压空气压缩机，排气压力 $1MPa < p \leqslant 10MPa$；低压空气压缩机的排气压力为

0.2MPa $< p \leqslant$ 1MPa；高压空气压缩机的排气压力为 10MPa $< p \leqslant$ 100MPa；超高压空气压缩机的排气压力为 $p >$ 100MPa。

在选择输出流量时，应将气压传动系统对压缩空气的需要再加上一定的备用余量，并考虑管路泄漏和各气动设备是否同时用气等因素，作为空气压缩机选择流量的依据。

二、气动辅助元件

气动辅助元件分为气源的净化元件和其他辅助元件。

1. 气源净化元件

空气压缩机排出的压缩空气温度高达 140～170℃，一部分压缩空气中的水分和气缸里的润滑油已成为气态，再与吸入的灰尘混合，形成油气；水气和灰尘混合而成杂质。这些杂质若进入气动系统，会造成管路堵塞和锈蚀，加速元件的磨损，增大泄漏量，缩短使用寿命。水气和油气还会使气动元件的膜片和橡胶密封件老化和失效。因此必须设置气源净化装置，以提高压缩空气的质量。

（1）冷却器　冷却器安装在空压机排气口处的管道上，也称后冷却器。它的作用是将空压机排出的压缩空气温度降至 40～50℃，使压缩空气中的水气和油气迅速达到饱和而析出，凝结成水滴和油滴，以便经除油器排出。

图 7-2 为蛇管式后冷却器的结构简图，热的压缩空气由进口流进冷却管，再从出口流出；冷却水由进口流入冷却管外的水套，冷却压缩空气，经出口流出。

（2）分水排水器（油水分离器）　分水排水器的作用是分离压缩空气中凝聚的水分和油分等杂质，使压缩空气得到初步净化。图 7-3 所示的分水排水器工作原理为：压缩空气自入口进入分水排水器壳体内，气流先受隔板的阻挡被撞击折向下方，然后产生环形回转而上升，油滴、水滴等杂质由于惯性力和离心力的作用析出并沉降于壳体的底部，由排污阀定期排出。为达到较好的效果，气流回转后上升速度应缓慢。

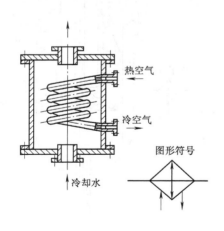

图 7-2　蛇管式后冷却器

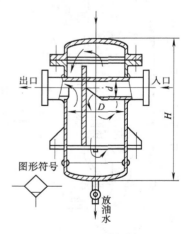

图 7-3　分水排水器

（3）储气罐　储气罐主要用来调节气流，减少输出气流的压力脉动，使输出气流具有流量连续性和气压稳定性。它可储存一定量的压缩空气以备发生故障或临时应急使用，还可以起到进一步分离压缩空气中的油、水等杂质的作用。储气罐安装时应使进气口在下，出气口在上。图 7-4 为立式储气罐结构示意图。

（4）空气干燥器 从空压机产生的压缩空气，经后冷却器、分水排水器及储气罐的冷却和初步净化，已可满足一般气压传动系统的要求，但对于某些要求较高的精密气动装置和仪表，压缩空气还必须经过干燥、过滤等进一步净化处理后才能使用。目前工业上常用的干燥方法主要是吸附法和冷冻法，其中吸附法是干燥处理中应用最普遍的一种方法。

图7-5是吸附式空气干燥器的结构示意图。其工作原理为：压缩空气从湿空气进气管1进入干燥器，经过上吸附剂层21、铜丝过滤网20、上栅板19和下吸附剂层16后，压缩空气中所含的水分被吸附吸收而变得很干燥；然后再经过铜丝过滤网15、下栅板14，毛毡13和铜丝过滤网12，干燥洁净的压缩空气便从干燥空气输出管8排出。当吸附剂使用一段时间后，吸附湿空气中的水分达到饱和状态时，吸附剂将失去继续吸湿的能力，所以需要将吸附剂中的水分去除，使吸附剂再生恢复到干燥状态。其具体做法是：先将压缩空气的进气管1和干燥空气输出管8关闭，然后从再生空气进气管7向干燥器内输入干燥热空气（温度一般高于180℃），热空气通过吸附层后，将吸附剂中的水分蒸发成水蒸气，并随热空气流由再生空气排气管4和6排入大气中。经过一定再生时间后，吸附剂被干燥，恢复继续吸湿的能力，再将再生空气进气管和排气管关闭，压缩空气的进气管和输出管打开，干燥器便进入继续工作状态。

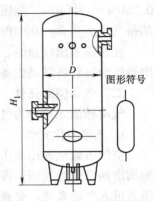

图7-4 立式储气罐

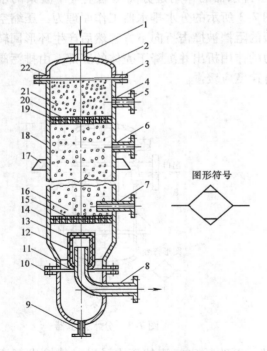

图7-5 吸附式空气干燥器

1—湿空气进气管 2—顶盖 3、5、10—法兰 4、6—再生空气排气管 7—再生空气进气管 8—干燥空气输出管 9—排水管 11、22—密封垫 12、15、20—铜丝过滤网 13—毛毡 14—下栅板 16、21—吸附剂层 17—支承板 18—壳体 19—上栅板

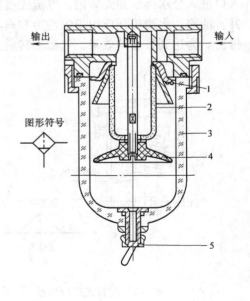

图7-6 空气过滤器

1—旋风叶子 2—滤芯 3—存水杯 4—挡水板 5—排水阀

（5）空气过滤器　空气过滤器的作用是滤除压缩空气的水分、油滴及杂质，以达到气压系统所要求的净化程度。图7-6为空气过滤器结构原理图。压缩空气从输入口进入后被引入旋风叶子1，旋风叶子上有很多成一定角度的缺口，迫使空气沿切线方向运动产生强烈的旋转，夹杂在空气中的较大水滴、油滴、灰尘在离心力的作用下与存水杯3内壁碰撞，从空气中分离出来沉到杯底。而微粒灰尘和雾状水气则在气体通过滤芯2时被拦截滤去，洁净的空气便从输出口输出。为防止气体旋转将存水杯中积存的水卷起，在滤芯下部设有挡水板4，存水杯中的污水可通过手动排水阀5及时排放掉。

2. 其他辅助元件

（1）油雾器　油雾器的作用是把润滑油雾化后，注入压缩空气中，并随气流进入需要润滑的部位，满足润滑的需要。图7-7是油雾器的结构原理图，压缩空气从输入口1进入后，绝大部分从气流出口4流出，有一小部分压缩空气由小孔2进入特殊单向阀10克服弹簧力推开钢球（由于弹簧的刚度较大和储油杯内气压对钢球的作用，钢球悬浮于单向阀中间位置），特殊单向阀处于打开状态，压缩空气可进入储油杯5的上腔A，使油面受压，油液经吸油管11、单向阀6和可调节流阀7滴入透明的视油器8内，然后再滴入喷嘴小孔3，被主管道通过的气流引射出来，雾化后随气流由气

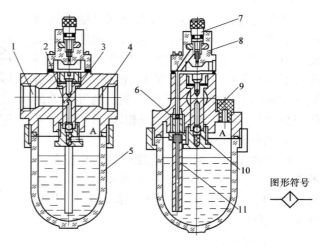

图7-7　油雾器的结构原理
1—气流入口　2、3—小孔　4—气流出口　5—储油杯
6—单向阀　7—可调节流阀　8—视油器　9—旋塞
10—特殊单向阀　11—吸油管

流出口4输出。通过视油器8可以观察滴油量，滴油量可用可调节流阀7调节。当需要不停气加油时，拧开旋塞9，油杯内的气压降为大气压力，压缩空气克服特殊单向阀的弹簧力把钢球压到下限位置，特殊单向阀处于反向关闭状态，封住了油杯的进气道，同时由于单向阀6的作用，压缩空气也不可能从吸油管倒流入油杯，即可保证在不停气的情况下从加油孔加油，而不至于油液因高压气体流入而从加油孔喷出。加油完成，旋紧旋塞9后，由于特殊单向阀有少许漏气，油杯A腔的气压逐渐上升，油雾器又可重新正常工作。

在实际使用中，由于普通空气过滤器、减压器和油雾器

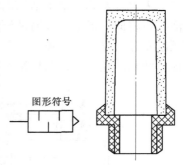

图7-8　吸收型消声器

这三个元件在气动系统中一般是必不可少的，因而常把它们组合在一起，这种组合件称为气源调节装置。

（2）消声器　气压传动系统用后的压缩空气直接排入大气，会产生强烈的排气噪声，为此可在换向阀的排气口处安装消声器以降低排气噪声。图7-8为吸收型消声器结构图，当气流通过由聚苯乙烯颗粒或铜珠烧结而成的消声罩时，气流与消声材料的细孔相摩擦，声能

量被部分吸收转化为热能，从而降低了噪声强度。这种消声器可良好地消除中、高频噪声。

第二节　执行元件

执行元件是将压缩空气的压力能转化为机械能的元件。气动执行元件包括气缸和气马达两大类。气缸用于实现往复运动，气马达用于实现回转运动，下面介绍一下气缸。

一、几种常用气缸

1. 单作用气缸

单作用气缸的特点是压缩空气只能使活塞向一个方向运动，另一个方向的运动则需要借助外力，如重力、弹簧力等。单作用气缸的结构如图 7-9 所示，由后缸盖 1、活塞 2、前缸盖 3、活塞杆 4、弹簧 6 等元件组成，通气孔 5 的作用是使气缸右腔始终与大气相通。

2. 双作用气缸

单活塞杆双作用气缸是使用最为广泛的一种普通气缸，其结构如图 7-10 所示，由后缸盖 3、活塞 4、密封圈 5、缸筒 6、前缸盖 7、活塞杆 8 等元件组成。

3. 气-液阻尼缸

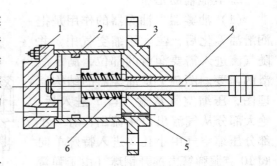

图 7-9　单作用气缸
1—后缸盖　2—活塞　3—前缸盖　4—活塞杆
5—通气孔　6—弹簧

气-液阻尼缸是由气缸和液压缸组合而成，它以压缩空气为能源，利用油液的不可压缩性和控制流量来获得活塞运动的平稳性及调节活塞的运动速度。与气缸相比，它传动平稳，停位精确，噪声小；与液压缸相比，它不需要液压源，经济性好，同时具有气动和液压的优点，因此应用越来越广泛。图 7-11 为串联式气-液阻尼气缸的工作原理图，若压缩空气自 A 口进入气缸左侧，推动活塞向右运动，因液压缸活塞与气缸活塞是同一个活塞杆，故液压缸活塞也将向右运动，此时液压缸右腔排油，油液由 A′口经节流阀调速后回 B′口，再回到液压缸左腔。显然，节流阀对活塞的运行产生阻尼作用；反之，压缩空气自 B 口进入气缸右侧，活塞向左移动，液压缸左侧排油，此时单向阀开启，无阻尼作用，活塞快速向左退回。

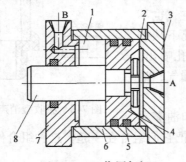

图 7-10　双作用气缸
1、2—左、右气腔　3—后缸盖　4—活塞
5—密封圈　6—缸筒　7—前缸盖　8—活塞杆

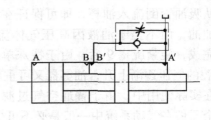

图 7-11　串联式气-液阻尼气缸工作原理

4. 薄膜气缸

薄膜气缸是一种利用压缩空气通过膜片推动活塞杆做往复直线运动的气缸。图 7-12a、b 所示分别为单作用和双作用薄膜气缸，它由缸体 1、膜片 2、膜盘 3 和活塞杆 4 等零件组成。

薄膜式气缸和活塞式气缸相比较，具有结构紧凑、简单、制造容易、成本低、维修方便、寿命长、泄漏少、效率高等优点。但是因膜片的变形量有限，故其行程短（一般不超过 50mm）。

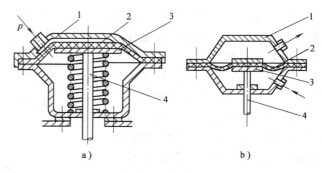

图 7-12　薄膜气缸
a）单作用式　b）双作用式
1—缸体　2—膜片　3—膜盘　4—活塞杆

5. 冲击气缸

冲击气缸能在瞬间产生很大的冲击能量而做功，常用于打印、铆接、锻造、冲孔、下料、锤击等加工中。

常用冲击气缸有以下几种：普通型冲击气缸、快排型冲击气缸、压紧活塞式冲击气缸。下面介绍普通型冲击气缸。

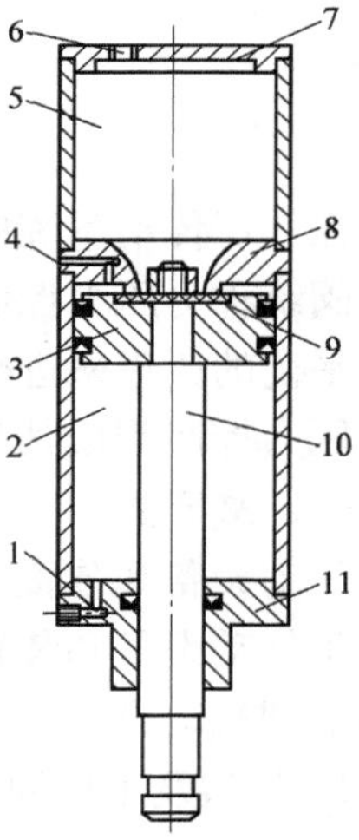

图 7-13 为普通型冲击气缸结构简图，它由缸体、前盖 11、活塞 3、活塞杆 10 及后盖 7 等组成。与普通气缸相比，增加了蓄能腔 5 及中心带有喷嘴和具有排气小孔 4 的中盖 8 等结构，其工作过程如图 7-14 所示，分为三个阶段：

第一阶段是准备阶段，如图 7-14a 所示。气动回路（图中未画出）中的气缸控制阀处于原始状态，压缩空气由 A 孔进入冲击气缸有杆腔，蓄能腔与无杆腔通大气，活塞处于上限位置，活塞上安有密封垫片 9，封住中盖上的喷嘴口，中盖与活塞间的环形空间（即此时的无杆腔）经排气小孔 4 与大气相通。

第二阶段是蓄能阶段，如图 7-14b 所示。控制阀接受信号被切换后，蓄能腔进气，作用在与中盖喷嘴口接触的活塞的一小部分面积上（通常设计为约占整个活塞面积的 1/9）的压力 p_1 逐渐增大，进行充气蓄能。与此同时，有杆腔排气，压力 p_2 逐渐降低，使作用在有杆腔活塞面上的作用力逐渐减小。

第三阶段是冲击做功阶段，如图 7-14c 所示。当活塞上下两边的作用力不能保持平衡时，活塞即离开喷嘴向下运动，在活塞离开喷嘴的瞬间，蓄能腔内的气体压力突然加到无杆腔的整个活塞面上，于是活塞在较大的气体压力差的作用下加速向下运动，瞬间以很高的速度（约为同样条件下普通气缸速度的 5～10 倍），即以很高的动能冲击工件做功。

经过上述三个阶段后，控制阀复位，冲击气缸又开始另一循环。

图 7-13　普通型冲击气缸
1、6—进排气口　2—活塞杆腔
3—活塞　4—排气小孔　5—蓄能腔　7—后盖　8—中盖　9—密封垫片　10—活塞杆　11—前盖

二、气缸使用时的注意事项

为了保证气缸的正常工作及使用寿命，必须注意下列事项：

1）气缸正常工作条件：环境及介质温度为 -35~80℃，工作压力为 0.2~0.8MPa。

2）安装前，应在 1.5 倍工作压力下试压，不应有漏气现象。

3）除无油润滑气缸外，装配时所有相对运动工作表面应涂以润滑脂。气源进口必须设置油雾器。

4）在行程中载荷有变动时，应使用输出力充裕的气缸，并要附加缓冲装置。此时在开始工作前，应将缓冲节流阀调至缓冲阻尼最小位置；而在气缸正常工作后，再逐渐调节缓冲节流阀，增大缓冲阻尼，直至满意为止。

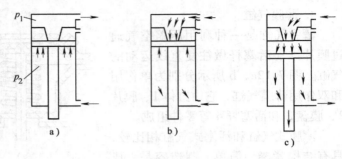

图 7-14　冲击气缸的工作原理

5）不使用满行程，特别是当活塞杆伸出时，不要使活塞与缸盖相碰。

6）活塞杆不允许承受偏载负荷，特殊情况也应使偏心力小于最大载荷的 1/20。

7）气缸必须按产品说明书要求正确安装。

第三节　压力控制阀

在气压传动系统中，控制压缩空气的压力和依靠压缩空气的压力来控制执行元件动作顺序的阀统称为压力控制阀。这类阀的共同特点是：利用作用于阀芯上的压缩空气压力和弹簧力相平衡的原理来进行工作。

压力控制阀按其控制功能可分为减压阀、顺序阀和溢流阀。

一、减压阀

气动设备和装置的气源一般都来自压缩空气站。压缩空气站供给的压缩空气的压力通常都高于气动设备和装置的实际需要，且波动较大，因此需要用调节压力的减压阀来降低，将其调节到气动设备和装置实际需要的压力，并保持该压力值的稳定。

1. 类型及工作原理

减压阀按压力调节方式，可分为直动式和先导式；按有无溢流机构，可分为有溢流机构和无溢流机构的减压阀。这里以直动式减压阀为例进行讲解。

直动式减压阀是利用手柄直接调节调压弹簧来改变阀的输出压力的一种减压阀。

图 7-15 所示为 QTY 型直动式减压阀（带溢流）的结构。其动作原理是：当阀处于工作状态时，调节旋钮 1，弹簧 2、3 及膜片 5 被压缩，使阀芯 8 下移，进气阀口（减压口）10 被打开，有压气流从左端输入，经阀口 10 节流减压后从右端输出。输出气流的一部分，由阻尼管 7 进入膜片气室 6，在膜片 5 的下面产生一个向上的推力，这个推力总是企图把阀口开度关小，使阀的出口压力下降。当作用在膜片上的推力与弹簧力相互平衡后，减压阀的出口压力便保持一定。

当进口压力发生波动时，如进口压力瞬时升高，则出口压力也随之升高，作用在膜片 5 上的气体也相应增大，破坏了原来的力平衡而使膜片 5 向上移动，有少量气体经溢流孔 12、排气孔 11 排出。在膜片上移的同时，因复位弹簧 9 的作用，阀芯 8 也向上移动，进气阀口开度减小，节流作用增大，使出口压力下降，直到新的平衡为止。重新平衡后的出口压力又基本上恢复至原值。反之，若进口压力瞬时下降，出口压力相应下降，膜片下移，进气阀口开度增大，节流作用减少，出口压力又基本上回升至原值。

调节旋钮1，使弹簧2、3恢复自由状态，出口压力降为零，阀芯8在复位弹簧9的作用下关闭进气阀口10。这样，减压阀便处于截止状态，无气流输出。

QTY型直动式减压阀范围为0.05～0.63MPa。为了限制气体流过减压阀时所造成的压力损失，规定气体通过阀内通道的流速在15～25m/s范围内。

必须指出，使用溢流式减压阀时，经常要从溢流孔排出少量气体。因此，在介质为有

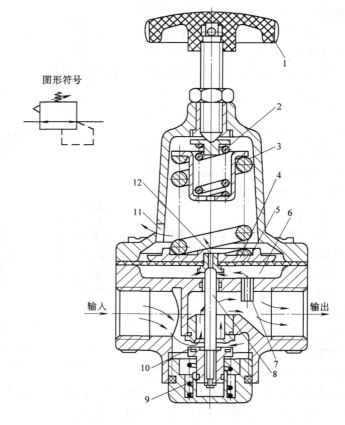

图7-15　QTY型直动式减压阀（带溢流）

1—旋钮　2、3—弹簧　4—溢流阀座　5—膜片　6—膜片气室　7—阻尼管
8—阀芯　9—复位弹簧　10—进气阀口　11—排气孔　12—溢流孔

害气体的气路中，为防止工作场所的空气污染，应选用非溢流式减压阀。非溢流式减压阀与溢流式减压阀的区别在于溢流阀座上没有溢流孔。

2. 减压阀使用要点

1）减压阀的进口压力应比出口最高压力大0.1MPa以上。

2）安装减压阀时，最好手柄在上，以便于操作。阀体上的箭头方向为气体的流动方向，安装时不要装反。阀体上堵头可拧下来，装上压力计。

3）连接管道安装前，要用压缩空气吹净或用酸洗法将锈屑等清洗干净。

4）在减压阀前安装分水过滤器，阀后安装油雾器，以防减压阀中的橡胶件过早变质。

5）减压阀不用时，应旋松手柄回零，以免使膜片经常受压而产生的塑性变形。

二、顺序阀

顺序阀是依靠气路中压力的作用而控制执行组件按顺序动作的压力控制阀，其工作原理如图7-16所示。其开启压力由弹簧的预压缩量来控制。当输入压力达到或超过开启压力时，顶开弹簧，A口才有输出；反之，A口无输出。

顺序阀一般很少单独使用，它往往与单向阀组合在一起，构成单向顺序阀。图7-17所示为单向顺序阀的工作原理。当压缩空气进入气腔4并且作用在活塞3上的气压超过弹簧2

上的力时，活塞被顶起，压缩空气从 P 口经气腔 4、5 到 A 输出，如图 7-17a 所示。此时单向阀 6 在压差及弹簧力的作用下处于关闭状态。当压缩空气反向流动时，A 口侧进气压力将顶开单向阀 6 由 P 口排气，如图 7-17b 所示。

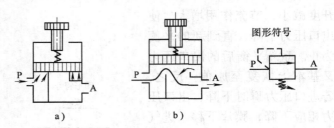

图 7-16　顺序阀的工作原理
a) 关闭状态　b) 开启状态

调节旋钮 1 可改变单向顺序阀的开启压力，以便在不同的开启压力下，控制执行元件的顺序动作。

三、溢流阀

溢流阀是为防止管路、储气罐能够安全可靠地工作，限制回路中最高压力的一种压力阀。

图 7-18 所示为溢流阀的工作原理。当系统中的气体压力在调定范围内时，作用在活塞 3 上的压力小于弹簧 2 的力，阀处于关闭状态，如图 7-18a 所示；当系统压力升高，

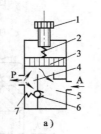 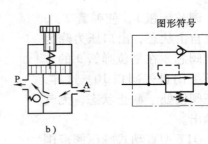

图 7-17　单向顺序阀的工作原理
a) 开启状态　b) 关闭状态
1—旋钮　2、7—弹簧　3—活塞　4、5—气腔　6—单向阀

达到或超过溢流阀的开启压力时，则活塞 3 上移，打开阀门排气，如图 7-18b 所示。直到系统压力降至调定范围以下时，阀口又重新关闭。

溢流阀的开启压力可由旋钮 1 调整弹簧 2 的预压缩量确定。

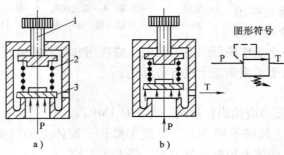

图 7-18　溢流阀的工作原理
a) 关闭状态　b) 开启状态
1—旋钮　2—弹簧　3—活塞

第四节　方向控制阀

方向控制阀是通过控制压缩空气的流动方向和气路的通断，以控制执行元件的动作的一类气动控制元件，它是气动系统中应用最多的一种控制元件。

按气流在阀内的流动方向，方向控制阀可分为单向型控制阀和换向型控制阀；按控制方

式，可分为人力控制型、气动控制型、机动控制型、电气控制型等多种；按切换的通路数目，可分为二通阀、三通阀、四通阀和五通阀等；按阀芯工作位置的数目，可分为二位阀和三位阀。

一、单向型方向控制阀

只允许气流沿着一个方向流动的方向控制阀通称为单向型方向控制阀。

1. 单向阀

气体只能沿一个方向流动，反方向不能流动的阀称为单向阀，它与液压阀中的单向阀相似，其结构如图 7-19 所示。

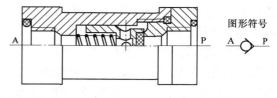

图 7-19　单向阀

2. 或门型梭阀

或门型梭阀相当于两个单向阀的组合，其结构如图 7-20 所示。P_1 口进气时，推动阀芯右移，使 P_2 口堵死，压缩空气从 A 口输出；当 P_2 口进气时，推动阀芯左移，使 P_1 口堵死，A 口仍有压缩空气输出；当 P_1、P_2 口都有压缩空气输入时，按压力加入的先后顺序和压力的大小而定，若压力不同，则高压口的通路打开，低压口的通路关闭，A 口输出高压，或门型梭阀的这种功能在气动控制系统中得到广泛的应用。

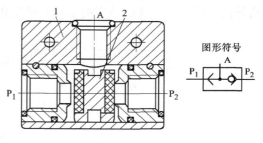

图 7-20　或门型梭阀
1—阀体　2—阀芯

3. 快速排气阀

快速排气阀简称快排阀，是为使气缸快速排气，加快气缸运动速度而设置的，一般安装在换向阀和气缸之间。图 7-21 所示为膜片式快速排气阀，当 P 口进气时，推动膜片向下变形，打开 P 口与 A 口的通路，关闭 T 口；当 P 口没有进气时，A 口气体推动膜片向上复位，关闭 P 口，A 口气体经 T 口快速排出。

二、换向型方向控制阀

换向型方向控制阀的功能是通过各种控制方式使阀芯换向，改变气流通道，使气体流动方向发生变化，从而改变气动执行元件的运动方向。

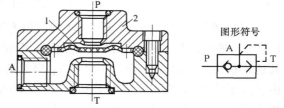

图 7-21　膜片式快速排气阀
1—膜片　2—阀体

1. 气压控制换向阀

气压控制换向阀是利用压缩空气的压力推动阀芯运动，使得换向阀换向，从而改变气体的流动方向的换向阀，在易燃、易爆、潮湿、粉尘大的工作条件下，使用气压控制安全可靠。

气压控制换向阀的控制方式有加压控制、泄压控制、差压控制和延时控制。常用的是加压控制和差压控制。加压控制是指加在阀芯上的控制信号的压力值是渐升的，当控制信号的气压增加到阀的切换动作压力时，阀便换向，这类阀有单气控和双气控之分；差压控制是利用阀芯两端受气压作用的有效面积不等，在两端作用力差值的作用下使阀换向的。

（1）单气控加压式换向阀 它利用空气的压力与弹簧力相平衡的原理来进行控制。图7-22为二位三通单气控加压式换向阀的工作原理图，当K口有压缩空气输入时，阀芯下移，P与A通，T不通。当K口没有压缩空气输入时，阀芯在弹簧力和P腔气体压力的作用下，阀芯移至上端，A与T通，P不通。

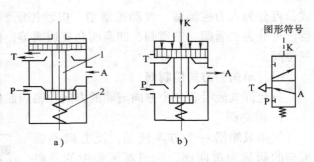

图7-22 二位三通单气控加压式换向阀
1—阀芯 2—弹簧

（2）双气控加压式换向阀 图7-23为双气控滑阀式换向阀的工作原理图。

图7-23a所示为有气控信号 K_2 时阀的状态，此时阀芯停在左边，其通路状态是P与A、B与 T_2 相通。图7-23b所示为有气控信号 K_1 时阀的状态（此时信号 K_2 应不存在），阀芯已换位，其通路状态变为P与B、A与 T_1 相通。双气控滑阀式换向阀具有记忆功能，即气控信号消失后，阀仍能保持在有信号时的工作状态。

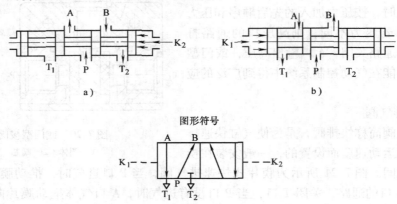

图7-23 双气控滑阀式换向阀工作原理

（3）差压控制换向阀 图7-24为二位五通差压控制换向阀的结构原理图。阀的复位腔1始终与进气口P相通。在没有气控信号K时，复位活塞2上的气压力将推动阀芯8左移，其通路状态为P口与A口、B口与 T_2 口相通，A口进气，B口排气。当有气控信号K时，由于控制活塞11的端面积大于复位活塞2的端面积，作用在控制活塞11上的压缩空气压力将克服复位活塞2的压力及摩擦力，推动阀芯8右移，实现气路换向，其通路状态为P口与B口、A口与 T_1 口相通，B口进气，A口排气。当气控信号K消失时，阀芯8借助于复位腔1内的气压作用复位。采用气压复位可提高阀的可靠性。

2. 电磁控制换向阀

电磁控制换向阀是利用电磁力的作用推动阀芯换向，从而改变气流的流动方向。按照电磁控制部分对换向阀的推动方式，可分为直动式和先导式两大类。

（1）直动式电磁控制换向阀 换向阀电磁铁的铁心在电磁力的作用下，直接推动阀芯换向的气阀称为直动式电磁换向阀，它又分为单电控式和双电控式两种。

图7-25为直动式单电控换向阀的工作原理图。它只有一个电磁铁。图7-25a所示为常

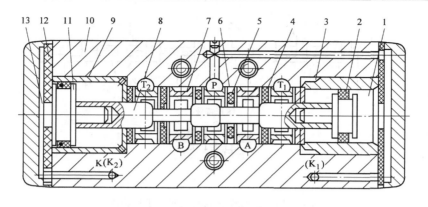

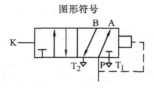

图形符号

图 7-24 二位五通差压控制换向阀

1—复位腔 2—复位活塞 3—复位衬套 4—E 形密封圈 5—组合密封圈
6—垫圈 7—隔套 8—阀芯 9—衬套 10—阀体 11—控制活塞
12—缓冲垫 13—进气腔

态情况，即励磁线圈不通电，此时阀在复位弹簧的作用下处于上端位置，其通路状态为 A 与 T 相通，A 口排气。当通电时，电磁铁 1 推动阀芯 2 向下移，气路换向，其通路状态为 P 与 A 相通，A 口进气，如图 7-25b 所示。

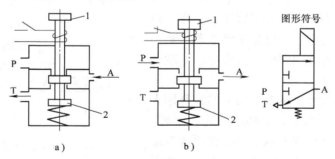

图形符号

a)   b)

图 7-25 直动式单电控换向阀工作原理

1—电磁铁 2—阀芯

图 7-26 为直动式双电控换向阀的工作原理图。它有两个电磁铁，当电磁铁线圈 1 通电、2 断电时，见图 7-26a，阀芯被推向右端，其通路状态是 P 口与 A 口、B 口与 T_2 相通，A 口进气，B 口排气。当电磁铁线圈 1 断电时，阀芯仍处于原有状态，即具有记忆性。当电磁铁线圈 2 通电、1 断电时，见图 7-26b，阀芯被推向左端，其通路状态为 P 口与 B 口、A 口与 T_1 口相通，B 口进气、A 口排气。若电磁线圈 2 断电，则气流通路仍保持原状态。

（2）先导式电磁换向阀　先导式电磁换向阀由电磁先导阀和主阀组成，它利用直动式电磁阀输出的先导气压去控制主阀芯的换向，相当于一个电气换向阀。按照该类换向阀有无

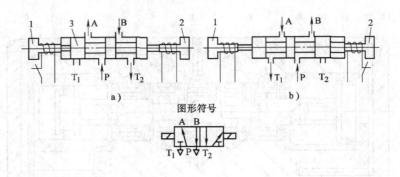

图7-26　直动式双电控换向阀工作原理

1、2—电磁线圈　3—阀芯

专门的外接控制气口，可分为外控式和内控式两种。

图7-27为先导式双电控换向阀（外控式）的工作原理图。当电磁先导阀1的线圈通电，而先导阀2的线圈断时，见图7-27a，由于主阀3的 K_1 腔进气、K_2 腔排气，使主阀阀芯向右移动，此时P口与A口、B口与 T_2 口相通，A口进气，B口排气。当电磁先导阀2的线圈通电，而先导阀1断电时，见图7-27b，主阀 K_2 腔进气、K_1 腔排气，主阀向左移动，此时P口与B口、A口与 T_1 口相通，B口进气，A口排气。先导式双电控换向阀具有记忆功能，即通电换向，断电保持原状态。为保证主阀正常工作，两个电磁阀不能同时通电，即电路中要考虑互锁。

由于先导式电磁换向阀便于实现电、气联合控制，所以应用广泛。

人力控制换向阀和机械控制换向阀是利用人力（手动或脚踏）和机动（通过凸轮、滚轮、挡块等）来控制换向的换向阀，其工作原理与液压系统中的换向阀相类似，在此不再重复，图形符号参见附录。

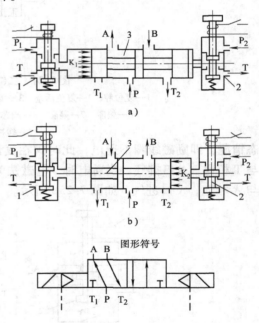

图7-27　先导式双电控换向阀工作原理

1、2—先导阀　3—主阀

第五节　流量控制阀

在气压传动系统中，有时要求控制气缸的运动速度，有时要求控制换向阀的切换时间和气动信号的传递速度，这些要求都需要通过调节压缩空气的流量来实现。

流量控制阀就是通过改变阀的通流面积来实现流量控制的元件。流量控制阀包括节流阀、单向节流阀、排气节流阀等。

一、节流阀

图 7-28 所示为圆柱斜切型节流阀的结构。压缩空气由 P 口进入，经过节流后，由 A 口流出。旋转阀芯螺杆，就可改变节流口的开度，这样就调节了压缩空气的流量。由于这种节流阀的结构简单、体积小，故应用范围较广。

二、单向节流阀

单向节流阀是由单向阀和节流阀并联而成的组合式流量控制阀，如图 7-29 所示。当气流沿着一个方向，例如由 P 到 A 流动时（图 7-29a），经过节流阀节流；反方向流动时（图 7-29b），气流由 A 到 P，单向阀打开，不节流。

单向节流阀常用于气缸的调速和延时回路。

三、排气节流阀

排气节流阀是装在执行元件的排气口处，调节进入大气中气体流量的一种控制阀。它带有消声器，所以不仅能调节执行元件的运动速度，还能起降低排气噪声的作用。

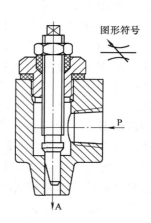

图 7-28 节流阀的结构

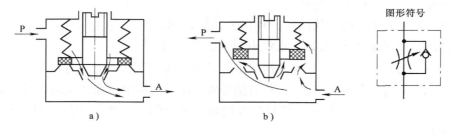

图 7-29 单向节流阀工作原理
a）P→A 状态　b）A→P 状态

图 7-30 为排气节流阀工作原理图。其工作原理和节流阀相类似，靠调节节流口 1 处的通流面积来调节排气流量，由消声器 2 降低排气噪声。

应当指出，用控制流量的方法来控制气缸内活塞的运动速度时，采用气动比采用液压困难。特别是在超低速控制中，要按照预定行程变化来控制速度，只用气动很难实现。一般在外部负载变化很大时，仅用气动流量控制阀不会得到满意的调速效果。为提高活塞运动的平稳性，建议采用气液联动。

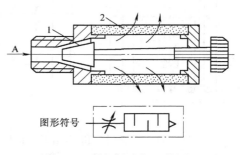

图 7-30 排气节流阀工作原理
1—节流口　2—消声器

第六节　逻辑元件

逻辑元件是指以压缩空气为介质，在控制信号作用下，通过其内部可动部件（如膜片、阀芯）的动作来改变气流流动方向，从而实现各种逻辑功能的元件。

一、"是门"和"与门"元件

图7-31为"是门"和"与门"元件的工作原理图，图中A为信号输入孔，S为信号输出孔。若将中间孔B接另一输入信号，为"与门"元件，由图可见，只有当A、B同时有输入信号时，S才有输出，即S=AB。当中间孔B不接信号而接气源P时，为"是门"元件，即A有输入信号时S就输出，A无输入信号时S无输出，元件的输入和输出信号之间始终保持相同的状态，即S=A。

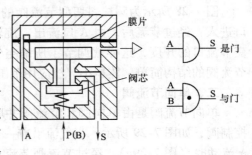

图7-31　"是门"和"与门"元件

二、"或门"元件

图7-32为"或门"元件原理图，A、B为信号输入口，S为信号输出口。由图可见，在两个输入口中，只要有一个输入信号或同时有两个输入信号，S都有输出，即S=A+B。

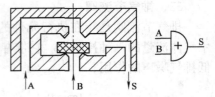

图7-32　"或门"元件

三、"非门"和"禁门"元件

图7-33为"非门"和"禁门"元件的工作原理图。若P为气源时，A有信号输入而S就没有输出，A没有信号输入而S有输出，即$S=\overline{A}$，则此情况下元件为"非门"元件。若中间孔不作为气源孔P而作为另一输入信号孔B，当A、B均有信号输入时S无输出，在A无输入信号而B有输入信号时S有输出，可见A的输入信号对B的输入信号起"禁止"作用，即$S=\overline{A}B$，则此元件为"禁门"元件。

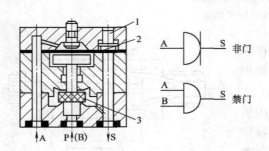

图7-33　"非门"和"禁门"元件
1—活塞　2—膜片　3—阀芯

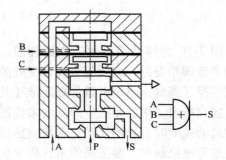

图7-34　"或非"元件

四、"或非"元件

图7-34为"或非"元件的工作原理图，它是在"非门"元件的基础上增加了两个信号输入端，即具有A、B、C三个信号输入口。当所有的输入端都没有输入信号时，S有输出，只要三个输入端中有一个有输入信号，S就没有输出，即$S=\overline{A+B+C}$。"或非"元件是一种多功能逻辑元件，用这种元件可以实现是门、或门、与门、非门及记忆等各种逻辑功能。

五、双稳元件

图 7-35 为双稳元件的工作原理图。当 A 有输入信号时，阀芯被推向图中所示的右端位置，P 与 S_1 通，而 S_2 与排气口相通，此时"双稳"处于"1"状态；在控制端 B 的输入信号到来之前，若 A 端的信号消失，阀芯仍能保持在右端位置，故 S_1 总是有输出；当 B 有输入信号时，阀芯被推向左端，P 与 S_2 通，而 S_1 与排气孔相通，于是"双稳"处于"0"状

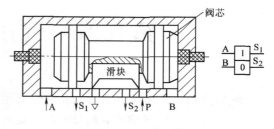

图 7-35　双稳元件

态。同理，在 A 有信号输入之前，若 B 端信号消失，阀芯仍处于左端位置，S_2 总有输出。所以该元件具有记忆功能，属记忆元件。注意，在使用中不能在双稳元件的两个输入端同时加输入信号，否则，元件将处于不定工作状态。

本 章 小 结

本章主要介绍如下各气动元件的结构、原理、功用及图形符号：

动力元件（空气压缩机）：将机械能转换为气体压力能。

辅助元件（冷却器、分水排水器、储气罐、干燥器、过滤器、油雾器、消声器等）：起净化压缩空气、润滑及消声等作用。

执行元件（气缸）：将气体压力能转换为机械能。

压力控制阀（减压阀、顺序阀、溢流阀）：控制压缩空气的压力。

方向控制阀（单向型控制阀、换向型控制阀）：控制压缩空气的流动方向。

流量控制阀（节流阀、单向节流阀、排气节流阀）：控制压缩空气的流量。

逻辑元件（是门、与门、或门、非门、禁门、或非、双稳）：实现各种逻辑功能。

通过分析上述气动元件的结构、原理、功用及图形符号，为正确分析气动回路及气动系统打下良好的基础。

复习思考题

1. 简述活塞式空气压缩机的工作原理。

2. 气源为什么要净化？气源净化元件主要有哪些？各起什么作用？

3. 油雾器有什么作用？它是怎样工作的？

4. 气源调节装置（气动三联件）包括什么元件？

5. 有哪几种常用气缸？简述冲击气缸的工作原理及用途。

6. 减压阀、顺序阀和溢流阀在气动系统中分别起什么作用？它们的图形符号有什么区别？

7. 按阀的控制方式来分，换向阀可分为哪几种类型？气压控制换向阀又分为哪几种控制？

8. 排气节流阀有什么用途？试画出其图形符号。

9. 快速排气阀有什么用途？它一般安装在什么位置？

10. 什么是气压逻辑元件？试述"是门"、"与门"、"或门"的原理，并画出其逻辑符号。

第八章 气压传动基本回路

教学目标 1. 掌握压力、速度和方向控制回路的组成及工作原理。

2. 了解气液联动回路、延时回路的组成及工作原理。

3. 会分析各元件在回路中所起的作用。

教学重点 压力、速度和方向控制回路的组成及工作原理。

教学难点 压力、速度和方向控制回路的工作原理及各元件在回路中的作用。

气动基本回路是由数个气动元件组成，并能完成某项特定功能的典型回路，它是气压传动系统的基本组成部分。由于空气的性质与油不同，故气动回路和液压回路相比有以下特点：

1）由于一个空压机能向多个气动回路供气，因此通常在设计气动回路时，空压机是另行考虑的，在回路图中也往往被省略。但在设计时必须考虑原空压机的容量，以免在增设回路后引起使用压力下降。

2）气动回路一般不设排气管道，不像液压那样一定要将使用过的油液排回油箱。

3）气动回路中气动元件的安装位置对其功能影响很大，过滤器、减压阀、油雾器的安装位置更需要特别注意。

4）由于空气无润滑性，故气动回路中一般需要设供油装置。

由上可知，即使设计者已学过液压传动方面的知识，也不能把液压回路原封不动地搬用到气动回路中去。但气动系统和液压系统一样，也是由一些基本回路所组成的。这些基本回路具有各自特点和功用，如工作运动的调节、工作压力的控制、运动的换向、联锁保护等。因此要设计气动系统或阅读气动系统图，就必须先掌握各种基本回路。下面介绍常用的一些气动基本回路。

第一节　压力、换向、速度控制回路

一、压力控制回路

压力控制回路是使回路中的压力保持在一定范围内，或使回路得到高、低不同压力的基本回路。

1. 一次压力控制回路

一次压力控制回路主要是控制储气罐内的压力，使它不超过规定值。图8-1所示为一次压力控制回路，若储气罐4内压力超过规定压力值，则溢流阀1溢流稳压，空压机2输出的压缩空气经溢流阀排入大气中，使储气罐内压力保持在规定范围内；也可采用电接点压力表5直接控制空压机电动机的停止或转动，以保证储气罐内压力在规定范围内。

2. 二次压力控制回路

为保证气动系统使用的气体压力为一稳定值，可用如图 8-2 所示的由空气过滤器 1、减压阀 2、油雾器 3（气源调节装置）组成的二次压力控制回路，利用减压阀来实现定压控制。但要注意，供给逻辑元件的压缩空气不要加入润滑油。

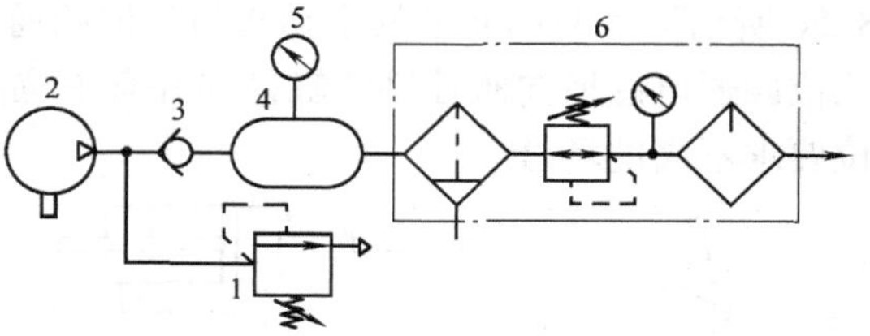

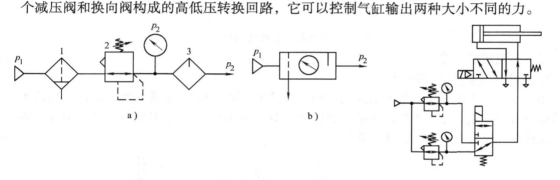

图 8-1　一次压力控制回路
1—溢流阀　2—空压机　3—单向阀　4—储气罐
5—压力表　6—输出回路

3. 高低压转换回路

若设备有时需要高压，有时需要低压，则可用高低压转换回路。图 8-3 所示为由两个减压阀和换向阀构成的高低压转换回路，它可以控制气缸输出两种大小不同的力。

图 8-2　二次压力控制回路
a）详图　b）简图
1—空气过滤器　2—减压阀　3—油雾器

图 8-3　高低压转换回路

二、换向控制回路

换向回路是利用方向控制阀使执行元件改变运动方向的控制回路。

1. 单作用气缸换向回路

图 8-4 所示为单作用气缸的换向回路。图 8-4a 所示为二位三通电磁换向阀控制的单作用气缸上、下运动回路。该回路中，当电磁铁通电时，气缸向上运动，断电时气缸在弹簧作用下返回。图 8-4b 所示为三位五通先导式电磁换向阀控制的单作用气缸上、下和停止的回路。气缸可停于任何位置，但定位精度不高。

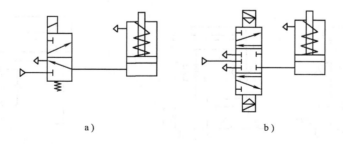

a）

b）

图 8-4　单作用气缸换向回路

2. 双作用气缸换向回路

图 8-5 所示为双作用气缸换向回路。图 8-5a 所示为用小通径的手动阀控制二位五通主阀来操纵气缸换向的回路；图 8-5b 所示为二位五通双电控阀控制双作用缸的换向回路；图

8-5c 所示为用两小通径的手动阀与二位四通主阀来控制气缸换向的回路；图 8-5d 所示为用三位四通电磁换向阀控制气缸换向并有中位停止的回路，但要求元件密封性要好，可用于定位要求不高的场合。

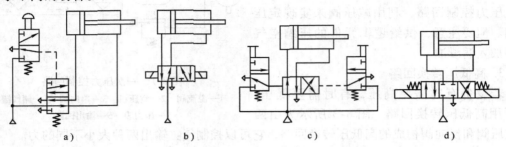

图 8-5　双作用气缸换向回路

三、速度控制回路

1. 单作用气缸速度控制回路

图 8-6 所示为单作用气缸的速度控制回路。其中，图 8-6a 所示是由两个反向安装的单向节流阀分别控制活塞杆的伸出及缩回的速度。图 8-6b 中，气缸上升时可调速，下降时则通过快速排气阀排气，使气缸快速返回。

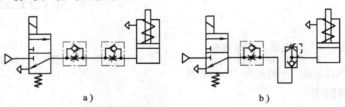

图 8-6　单作用气缸速度控制回路

2. 双作用气缸速度控制回路

图 8-7 所示为双作用气缸的速度控制回路。图 8-7a 所示为双作用气缸的进气节流调速回路。在进气节流时，容易产生气缸的"爬行"现象。一般来说，进气节流多用于垂直安装的气缸支撑腔的供气回路。图 8-7b 所示为双作用气缸的排气节流调速回路，排气节流的运动比较平稳。

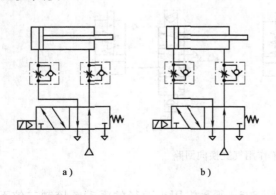

图 8-7　双作用气缸速度控制回路

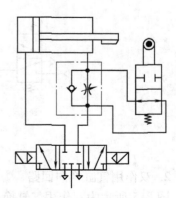

图 8-8　缓冲回路

3. 缓冲回路

图 8-8 所示为由速度控制阀和行程阀配合使用的缓冲回路。当活塞向右运动时，缸右腔的气体经行程阀再由三位五通阀排出，当活塞运动到末端，活塞杆上的挡块碰到行程阀时，行程阀切换，气体就只能经节流阀排出，这样活塞运动速度就得到了缓冲。

第二节　其他常用气压传动回路

一、气液联动回路

在气压回路中，采用气液转换器或气-液阻尼缸后，就相当于把气压传动转换为液压传动，这就能使执行元件的速度调节更加稳定，运动也更平稳。若采用气液增压回路，则还能得到更大的推力。气液联动回路装置简单，经济可靠。

1. 采用气液转换器的速度控制回路

图 8-9 所示为采用气液转换器的速度控制回路。它利用气液转换器 1、2 将气压变成液压，利用液压油驱动液压缸 3，从而得到平稳易控制的活塞运动速度。调节节流阀的开度，就可以改变活塞的运动速度。这种回路充分发挥了气动供气方便和液压速度容易控制的特点。必须指出的是：气液转换器中的储油量应不小于液压缸有效容积的 1.5 倍，同时需注意气液转换器的密封，以避免气体混入油中。

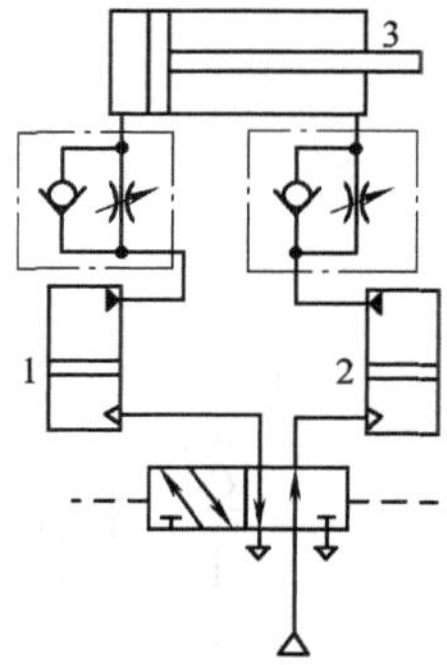

图 8-9　采用气液转换器
的速度控制回路
1、2—气液转换器　3—液压缸

2. 采用气 – 液阻尼缸的速度控制回路

采用气 – 液阻尼缸时，其调速方法可根据具体使用要求，选用不同的方案来实现。

（1）双向速度控制回路　图 8-10a 所示的回路是通过调节节流阀 1、2 的开度来获得两个方向的无级调速。油杯 3 为补充漏油所设。

（2）快进—慢进—快退变速回路　图 8-10b 所示的变速回路的工作原理是：当活塞右行到通过 a 孔后，液压缸右腔油液只能被迫从 b 孔经节流阀流回左腔，这时由快进变为慢进。若切换换向阀使活塞左行时，液压缸左腔的油经单向阀流入右腔，此时由慢进变为快退。此回路的变速位置不能改变。

（3）采用行程阀的变速回路　图 8-10c 所示为用行程阀变速的回路，此回路只要改变挡铁或行程阀的安装位置，就能改变开始变速的位置。

图 8-10b 和图 8-10c 所示的两个回路均适用于长行程的场合。

（4）有中停的变速回路　图 8-10d 所示的回路是液压阻尼缸与气缸并联的形式，两缸的活塞杆用机械方式固接。借助于阻尼缸活塞杆上的调节螺母 4，可调节气缸由慢进变为快退的转换位置。当三位五通阀处于中间位置时（图示位置），阻尼缸油路被二位二通阀 5 切断，活塞就停止在此位置上。当三位五通阀被切换至左位时，气源就经三位五通阀、梭阀输入到阀 5，使阀 5 切换，即油路相通，这时活塞右行，阻尼缸右腔的油液经节流阀、阀 5 流入左腔，由于阻尼缸两腔的有效容积不等，从而此时蓄能器 6 中的油液也经阀 5 流入左腔作为补充。当三位五通阀被切换至右位时，活塞左行，阻尼缸左腔的油液部分经单向阀流入右腔，部分油液进入蓄能器。此回路采用并联形式，它比图 8-10 中 a、b、c 三个图中所采用

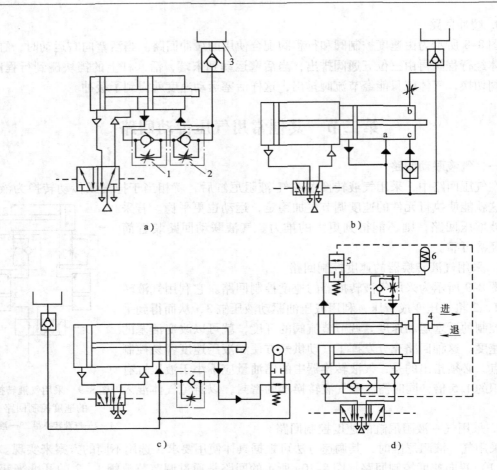

图 8-10　采用气 – 液阻尼缸的速度控制回路
1、2—单向节流阀　3—油杯　4—调节螺母　5—二位二通阀　6—蓄能器

的串联形式结构紧凑（即轴向尺寸小），气、油也不易相混。但并联的活塞易产生"整劲"现象，所以安装时两缸应平行，且应考虑导向装置。

　　3. 气液增压回路

　　一般气液转换器或气 – 液阻尼缸都只能得到与气压相同的液压压力，在要求推力很大时，将使液压缸结构尺寸庞大。为此可采用气液增压器来提高油压，以缩小缸的结构尺寸。

　　图 8-11a 所示是使用气液增压器的单向调速回路，该回路是用单向节流阀调节缸 A 的前进（右行）速度，返回时用气压驱动，因通过单向阀回油，从而能快速返回。

　　图 8-11b 所示是使用气液增压器的双向调速回路。该回路是用增压后的油液驱动液压缸 3 前进（右行），使液压缸增大推力。返回时用气液转换器 2 输出的油液驱动。回路中用两个单向节流阀分别调节液压缸的往复运动速度。

　　二、延时回路

　　图 8-12a 所示为延时输出回路。当控制信号使换向阀 4 切换后，压缩空气经单向节流阀 3 向气罐 2 充气。当充气压力经过延时升高至使换向阀 1 换位时，阀 1 就有输出。

　　图 8-12b 所示为延时退回回路。按下手动换向阀 8，则气缸向外伸出，当气缸在伸出行

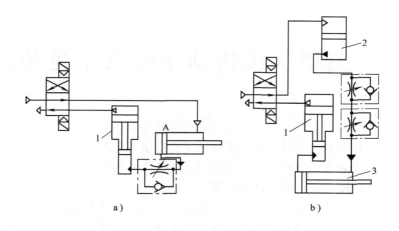

图 8-11　气液增压回路

a）单向调速回路　b）双向调速回路

1—气液增压器　2—气液转换器　3—液压缸

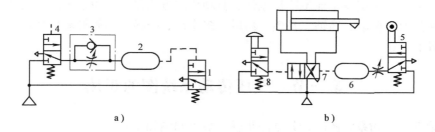

图 8-12　延时回路

a）延时输出回路　b）延时退回回路

1、4、5、7—换向阀　2、6—气罐　3—节流阀　8—手动换向阀

程中压下换向阀 5 后，压缩空气经节流阀 3 到气罐 6，延时后才将换向阀 7 切换，气缸退回。

本 章 小 结

气动基本回路是由数个气动元件组成，并能完成某项特定功能的典型回路。本章主要介绍了压力控制回路、换向控制回路、速度换向回路及气液联动回路、延时回路等，它们的共同特点是：一般不设排气管道；气动元件的安装位置对其功能影响很大；一般需要设供油装置。通过分析基本回路的组成、工作原理及应用特点，为正确分析气压传动系统打下更好的基础。

复习思考题

1. 试述一次压力回路中电接点压力表的作用。

2. 图 8-4b 中单作用缸 2 的换向回路为什么要用三位五通阀？

3. 试述图 8-6b 中快速排气阀的作用。

4. 气液联动的目的是什么？如何实现？

第九章 典型气压传动系统及常见故障排除

教学目标 1. 掌握阅读气压传动系统图的一般步骤。
　　　　　　 2. 熟悉各典型气压传动系统的特点及工作原理。
　　　　　　 3. 了解气压传动系统和元件常见故障及排除方法。
教学重点 1. 读懂气压传动系统原理图。
　　　　　　 2. 分析气压传动系统的组成及各元件在系统中的作用。
　　　　　　 3. 分析气压传动系统的工作程序及其工作原理。
教学难点 气压传动系统的工作程序及其工作原理的分析。

气压传动控制是实现工业生产机械化、自动化的方式之一，由于气压传动系统安全、可靠，可以在高温、振动、腐蚀、易燃、易爆、多尘埃、强磁、辐射等恶劣环境下工作，所以应用范围日益广泛。

第一节 气压传动系统图的识读

在阅读气压传动系统图时，其读图步骤一般可归纳如下：

1）看懂图中各气动元件的图形符号，了解它们的名称及一般用途。

2）分析图中的基本回路及功用。

3）了解系统的工作程序及程序转换的发信元件。

4）按工作程序图逐个分析各程序动作。这里特别要注意主控阀阀芯的切换是否存在障碍。若设备说明书中附有逻辑框图，则用它作为指引来分析气动回路原理图将更加方便。

5）一般规定工作循环中程序终了时的状态作为气动回路的初始位置（或静止位置），因此，回路原理图中控制阀及行程阀的供气及进出口的连接位置，应按回路初始位置状态连接。这里必须指出的是，回路处于初始位置时，回路中的每个元件并不一定都处于静止位置。

6）一般所介绍的回路原理图仅是整个气动控制系统中的核心部分，一个完整的气动系统还应有气源装置、气源调节装置及其他辅助元件等。

第二节 典型气压传动系统

一、工件夹紧气压传动系统

图9-1是机械加工自动线、组合机床中常用的工件夹紧的气压传动系统图。其工作原理是：当工件运行到指定位置后，气缸 A 的活塞杆伸出，将工件定位锁紧后，两侧的气缸 B 和 C 的活塞杆同时伸出，从两侧面压紧工件，实现夹紧，而后进行机械加工。其气压传动

系统的动作过程如下：

当用脚踏下脚踏换向阀 1（在自动线中往往采用其他形式的换向方式）后，压缩空气经单向节流阀进入气缸 A 的无杆腔，夹紧头下降至锁紧位置后使机动行程阀 2 换向，压缩空气经单向节流阀 5，使中继阀 6 换向，右位接入，压缩空气经阀 6 右位通过主控阀 4 的左位进入气缸 B 和 C 的无杆腔，两气缸的活塞杆同时伸出。与此同时，压缩空气的一部分经单向节流阀 3 使主控阀 4 延时换向到右侧，则两气缸 B 和 C 返回。在两气缸返回的过程中，有杆腔的压缩空气使脚踏阀 1 复位（右位接入），则气缸 A 返回。此时由于气缸 A 的返回使行程阀 2 复位（右位接入），所以中继阀 6 也复位，由于阀 6 复位，气缸 B 和 C 的无杆腔经由阀 4 和阀 6 通大气，主控阀 4 自动复位，由此完成了缸 A 压下→夹紧缸 B 和 C 伸出夹紧→夹紧缸 B 和 C 返回→缸 A 返回的动作循环。

二、插销分送机构

插销分送机构的作用是将插销有节奏地送入测量机，如图 9-2 所示。该机构要求气缸 A 前向冲程时间 $t_1 = 0.6\text{s}$，回程时间 $t_2 = 0.4\text{s}$，停止在前端位置的时间 $t_3 = 1.0\text{s}$，一个工作循环完成后，下一循环自动连续。

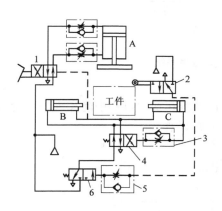
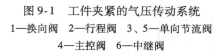

图 9-1　工件夹紧的气压传动系统

1—换向阀　2—行程阀　3、5—单向节流阀
4—主控阀　6—中继阀

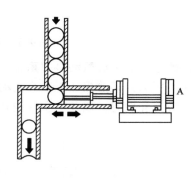

图 9-2　插销分送机构

前向冲程时间可由进程节流阀调节，停顿时间由延时阀调节，控制回路如图 9-3 所示。阀 V_1 调节气缸前进速度，阀 V_0 调节气缸退回速度，S 为启动阀，延时阀 T 可调节停顿时间，a_0、a_1 为气缸行程开关，分别控制两个二位三通行程换向阀。

气缸 A 的活塞杆初始位置在左端位置，活塞杆凸轮压下行程开关 a_0，扳动启动阀 S 后，"与"门 Z 两侧的条件满足，压缩空气流向 A_1 使主控阀换向，活塞杆向前运动，由单向节流阀 V_1 控制前向冲程时间 $t_1 = 0.6\text{s}$。在前端位置，活塞杆凸轮压下行程开关 a_1，向延时阀 T 供气，压缩空气通过节流阀进入储气室，延时 $t_2 = 1.0\text{s}$ 后，延时阀 T 中的二位三通阀动作，输出控制信号 A_0，使主控阀动作复位到初始位置（即左位），气缸 A 退回，回程速度受到单向节流阀 V_0 控制，回程时间 $t_3 = 0.4\text{s}$，直至行程开关 a_0 再次被压下，回程结束。如果启动阀 S 保持在开启位置，则活塞杆将继续往复循环，实现插销的自动分送，直到阀 S 关闭，动作循环结束后才停止。

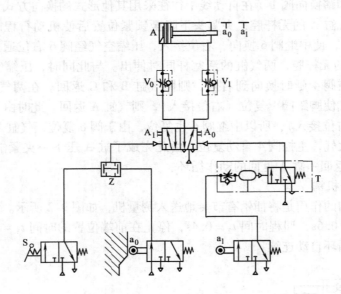

图 9-3　插销分送机构气动控制系统

三、数控加工中心气动换刀系统

图 9-4 所示为某数控加工中心气动换刀系统，该系统在换刀过程中能实现主轴定位、主轴松刀、拔刀和插刀，以及向主轴锥孔吹气（清屑）的动作。

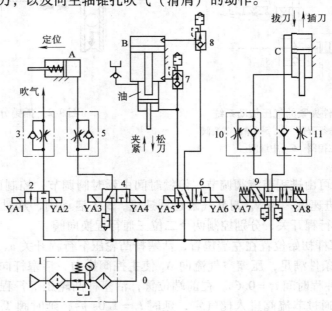

图 9-4　数控加工中心气动换刀系统

1—气源调节装置　2、4、6、9—换向阀　3、5、10、11—单向
节流阀　7、8—快速排气阀

当用户发出换刀指令时，数控系统发出主轴准停信号，YA4 通电，换向阀 4 右位接入，压缩空气经气源调节装置 1、换向阀 4、单向节流阀 5 的节流阀进入主轴定位缸 A 的右腔，缸 A 的活塞左移，使主轴自动定位。定位后压下无触点开关，使电磁铁 YA6 通电，换向阀 6 右位接入，压缩空气经换向阀 6、快速排气阀 8 进入气液增压器 B 的上腔，增压腔的高压油使活塞伸出，实现主轴松刀，同时使 YA8 通电，换向阀 9 右位接入，压缩空气经换向阀 9、单向节流阀 11 的单向阀进入缸 C 的上腔，缸 C 下腔排气，活塞下移实现拔刀。拔刀动作完成后，压下无触点开关，YA1 通电，压缩空气经换向阀 2、单向节流阀 3 向主轴锥孔吹气，进行清屑工作。稍后 YA1 断电、YA2 通电，停止吹气，YA8 断电、YA7 通电，换向阀 9 左位接入，压缩空气经换向阀 9、单向节流阀 10 进入缸 C 的下腔，活塞上移，实现下一把刀的插刀动作。插刀完成后，压下无触点开关，YA6 断电、YA5 通电，换向阀 6 左位接入，压缩空气经换向阀 6 进入气液增压器的下腔，活塞缩回，实现主轴刀具夹紧。夹紧后，压下无触点开关，YA4 断电、YA3 通电，换向阀 4 左位接入，缸 A 的活塞在弹簧力作用下复位。复位后，压下无触点开关，电磁铁 YA7 断电，换向阀 9 回中位，系统回复到开始状态，换刀动作完成。

第三节　气压传动系统及主要元件的常见故障和排除方法

气压传动系统及主要元件常见故障和排除方法见表 9-1 ~ 表 9-8，供参照应用。

表 9-1　气压传动系统常见故障和排除方法

故　　障	原　　因	排　除　方　法
元件和管道阻塞	压缩空气质量不好，水气、油雾含量过高	检查过滤器、干燥器，调节油雾器的滴油量
元件失压或产生误动作	安装和管道连接不符合要求（信号线太长）	合理安装元件与管道，尽量缩短信号元件与主控阀的距离
气缸出现短时输出力下降	供气系统压力下降	检查管道是否泄漏、管道连接处是否松动
滑阀动作失灵或流量控制阀的排气口阻塞	管道内的铁锈、杂质使阀座堵塞	清除管道内的杂质或更换管道
元件表面有锈蚀或阀门元件严重阻塞	压缩空气中凝结水含量过高	检查、清洗过滤器、干燥器
活塞杆速度有时不正常	由于辅助元件的动作而引起的系统压力下降	提高空压机供气量或检查管道是否泄漏、阻塞
活塞杆伸缩不灵活	压缩空气中含水量过高，使气缸内润滑不好	检查冷却器、干燥器、油雾器工作是否正常
气缸的密封件磨损过快	气缸安装时轴向配合不好，使缸体和活塞杆上产生支承应力	调整气缸安装位置或加装可调支承架
系统停用几天后，重新起动时，润滑动作部件动作不畅	润滑油结胶	检查、清洗油水分离器或小油雾器的滴油量

表 9-2　气压系统供压失常的故障和排除方法

故　障	原　因	排　除　方　法
气路没有气压	① 气动回路中的开关阀、启动阀、速度控制阀等未打开 ② 换向阀未换向 ③ 管路扭曲 ④ 滤芯堵塞或冻结 ⑤ 介质和环境温度太低，造成管路冻结	① 予以开启 ② 查明原因后排除 ③ 矫正或更换管路 ④ 更换滤芯 ⑤ 清除冷凝水
系统供气不足	① 空气压缩机活塞环等磨损 ② 空气压缩机输出流量不足 ③ 减压阀输出压力低 ④ 速度控制阀开度太小 ⑤ 管路细长或管接头选用不当造成压力损失过大 ⑥ 漏气严重	① 更换零件 ② 选取合适空气压缩机或增设一定容积气罐 ③ 调节至使用压力 ④ 将阀开到合适度 ⑤ 加粗管径，选用流通能力大的接头及气阀 ⑥ 更换密封件，紧固管接头和螺钉
异常高压	① 因外部振动冲击 ② 减压阀损坏	① 在适当位置安装溢流阀和压力继电器 ② 更换减压阀

表 9-3　减压阀常见故障和排除方法

故　障	原　因	排　除　方　法
出口压力升高	① 阀弹簧损坏 ② 阀座有伤痕或阀座橡胶剥离 ③ 阀体中夹入灰尘，阀导向部分粘附异物 ④ 阀芯导向部分和阀体的 O 形密封圈收缩或膨胀	① 更换阀弹簧 ② 更换阀体 ③ 清洗、检查过滤器 ④ 更换 O 形密封圈
压力降很大（流量不足）	① 阀口通径小 ② 阀下部积存冷凝水，阀内混入异物	① 使用通径大的减压阀 ② 清洗、检查过滤器
向外漏气（阀的溢流处泄漏）	① 溢流阀座有伤痕（溢流式） ② 膜片破裂 ③ 出口压力升高 ④ 出口侧背压增加	① 更换溢流阀座 ② 更换膜片 ③ 参看"出口压力上升"栏 ④ 检查出口侧的装置、回路
阀体泄漏	① 密封件损伤 ② 弹簧松弛	① 更换密封件 ② 张紧弹簧
异常振动	① 弹簧的弹力减弱或弹簧错位 ② 阀体的中心、阀杆的中心错位 ③ 因空气消耗量周期变化使阀不断开启、关闭与减压阀引起共振	① 把弹簧调整到正常位置，更换弹力减弱的弹簧 ② 检查并调整位置偏差 ③ 和制造厂协商
虽已松开手柄，出口侧空气也不溢流	① 溢流阀座孔堵塞 ② 使用非溢流式调压阀	① 清洗并检查过滤器 ② 非溢流式调压阀松开手柄也不溢流。因此需要在出口侧安装高压溢流阀

表9-4 溢流阀常见故障和排除方法

故 障	原 因	排 除 方 法
压力虽已上升，但不溢流	① 阀内部的孔堵塞 ② 阀芯导向部分进入异物	清洗
压力虽没有超过设定值，但在溢流口处却溢出空气	① 阀内进入异物 ② 阀座损伤 ③ 调压弹簧损坏	① 清洗 ② 更换阀座 ③ 更换调压弹簧

表9-5 方向控制阀常见故障和排除方法

故 障	原 因	排 除 方 法
不能换向	① 阀的滑动阻力大，润滑不良 ② O形密封圈变形 ③ 灰尘卡住滑动部分 ④ 弹簧损坏 ⑤ 阀操纵力小 ⑥ 活塞密封圈磨损 ⑦ 膜片破裂	① 进行润滑 ② 更换密封圈 ③ 清除灰尘 ④ 更换弹簧 ⑤ 检查阀操纵部分 ⑥ 更换密封圈 ⑦ 更换膜片
阀产生振动	① 空气压力低（先导式） ② 电源电压低（电磁阀）	① 提高操纵压力，采用直动式 ② 提高电源电压，使用低电压线圈

表9-6 气缸常见故障和排除方法

故 障	原 因	排 除 方 法
外泄漏 　① 活塞杆与密封衬套间漏气 　② 气缸体与端盖间漏气 　③ 从缓冲装置的调节螺钉处漏气	① 衬套密封圈磨损，润滑油不足 ② 活塞杆偏心 ③ 活塞杆有伤痕 ④ 活塞杆与密封衬套的配合面内有杂质 ⑤ 密封圈损坏	① 更换衬套密封圈 ② 重新安装，使活塞杆不受偏心负荷 ③ 更换活塞杆 ④ 除去杂质，安装防尘盖 ⑤ 更换密封圈
内泄漏 　活塞两端串气	① 活塞密封圈损坏 ② 润滑不良 ③ 活塞被卡住 ④ 活塞配合面有缺陷，杂质挤入密封圈	① 更换活塞密封圈 ② 改善润滑 ③ 重新安装，使活塞杆不受偏心负荷 ④ 缺陷严重者更换零件，除去杂质
输出力不足，动作不平稳	① 润滑不良 ② 活塞或活塞杆卡住 ③ 气缸体内表面有锈蚀或缺陷 ④ 进入了冷凝水、杂质	① 调节或更换油雾器 ② 检查安装情况，消除偏心 ③ 视缺陷大小再决定排除故障办法 ④ 加强对空气过滤器和分水排水器的维护管理，定期排放污水

表9-7　空气过滤器常见故障和排除方法

故　障	原　因	排　除　方　法
压力降过大振动	① 使用过细的滤芯 ② 过滤器的流量范围太小 ③ 流量超过过滤器的容量 ④ 过滤器滤芯网眼堵塞	① 更换适当的滤芯 ② 换流量范围大的过滤器 ③ 换大容量的过滤器 ④ 用净化液清洗（必要时更换）滤芯
从输出端逸出冷凝水	① 未及时排出冷凝水 ② 自动排水器发生故障 ③ 超过过滤器的流量范围	① 养成定期排水的习惯或安装自动排水器 ② 修理（必要时更换） ③ 在适当流量范围内使用或者更换容量大的过滤器

表9-8　油雾器常见故障和排除方法

故　障	原　因	排　除　方　法
油不能滴下	① 没有产生油滴下落所需的压差 ② 油雾器反向安装 ③ 油道堵塞 ④ 油杯未加压，通往油杯空气通道堵塞	① 加上文丘里管或换成小的油雾器 ② 改变安装方向 ③ 拆卸，进行修理 ④ 需拆卸修理
油杯未加压	① 通往油怀的空气通道堵塞 ② 油杯大，油雾器使用频繁	① 拆卸修理，加大通往油杯空气通孔 ② 使用快速循环式油雾器
油滴数不能减少	油量调整螺钉失效	检修油量调整螺钉

本　章　小　结

　　本章主要介绍了阅读气压传动系统图的一般步骤和一些典型气压传动系统，以及气压传动系统及主要元件常见故障和排除方法。通过对典型气压传动系统原理和主要元件常见故障的分析，进一步理解各气动元件及基本回路的功用，熟悉分析气压传动系统的一般步骤，掌握气压传动系统简单故障的处理方法。

复习思考题

　　1. 图9-5 所示为自动和手动并用回路，此回路的主要用途是当停电或电磁阀发生故障时，气动系统也可进行工作。试阐述其工作原理。

　　2. 图9-6 所示为两台冲击气缸的铆接回路，试分析其动作原理，并说明三个手动阀的作用。

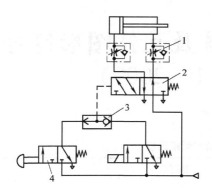

图 9-5　自动和手动并用回路
1—单向节流阀　2—气控换向阀
3—梭阀　4—手动阀

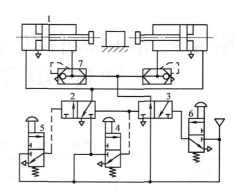

图 9-6　两台冲击气缸的铆接回路
1—冲击气缸　2、3—换向阀
4、5、6—手动阀　7—快排阀

附录　常用流体传动系统及元件图形符号
（摘自 GB/T 786.1—2009）

附录 A　图形符号的基本要素和管路连接

图形符号	描述
———————	供油管路、回油管路、元件外壳和外壳符号
- - - - - - -	内部和外部先导（控制）管路、泄油管路、冲洗管路、放气管路
—·——·—·—	组合元件框线
⊥	两条管路的连接，标出连接点
＋	两条管路交叉没有交点，说明它们之间没有连接
⌣	软管管路
▷—	气压源
▶—	液压源

附录 B　控制机构

图形符号	描述
	带有定位装置的推或拉控制机构
	用作单方向行程操纵的滚轮杠杆

图形符号	描述
	单作用电磁铁，动作指向阀芯
	单作用电磁铁，动作背离阀芯
	双作用电气控制机构，动作指向或背离阀芯
	单作用电磁铁，动作指向阀芯，连续控制
	单作用电磁铁，动作背离阀芯，连续控制
	电气操纵的气动先导控制机构
	电气操纵的带有外部供油的液压先导控制机构
	具有外部先导供油，双比例电磁铁，双向操作，集成在同一组件内连续工作的双先导装置的液压控制机构

附录 C　泵、马达和缸

图形符号	描述
	变量泵
	双向流动，带外泄油路单向旋转的变量泵
	双向变量泵单元，双向流动，带外泄油路，双向旋转

（续）

图形符号	描述
	双向变量马达单元，双向流动，带外泄油路，双向旋转
	单向旋转的定量泵
	单向旋转的定量马达
	限制摆动角度，双向流动的摆动执行器或旋转驱动
	操纵杆控制，限制转盘角度的泵
	空气压缩机
	变方向定流量双向摆动马达
	真空泵
	双作用单杆缸
	单作用单杆缸，靠弹簧力返回行程，弹簧腔室有连接口

（续）

图形符号	描述
	双作用双杆缸，活塞杆直径不同，双侧缓冲，右侧带调节
	单作用缸，柱塞缸
	单作用伸缩缸
	双作用伸缩缸
	单作用压力介质转换器，将气体压力转换为等值的液体压力，反之亦然
	单作用增压器，将气体压力 p_1 转换为更高的液体压力 p_2

附录D　控制元件

图形符号	描述
	二位二通方向控制阀，两位，两通，推压控制机构，弹簧复位，常闭
	二位二通方向控制阀，两位，两通，电磁铁操纵，弹簧复位，常开
	二位四通方向控制阀，电磁铁操纵，弹簧复位
	二位三通方向控制阀，滚轮杠杆控制，弹簧复位
	二位三通方向控制阀，电磁铁操纵，弹簧复位，常闭

（续）

图形符号	描述
	二位四通方向控制阀，电磁铁操纵液压先导控制，弹簧复位
	三位四通方向控制阀，电磁铁操纵先导级和液压操作主阀，主阀及先导级弹簧对中，外部先导供油和先导回油
	三位四通方向控制阀，弹簧对中，双电磁铁直接操纵，不同中位机能的类别
	二位四通方向控制阀，液压控制，弹簧复位
	三位四通方向控制阀，液压控制，弹簧对中
	三位五通方向控制阀，定位销式各位置杠杆控制
	三位五通直动式气动方向控制阀，弹簧对中，中位时两出口都排气
	二位五通方向控制阀，踏板控制
	溢流阀，直动式，开启压力由弹簧调节
	外部控制的顺序阀（气动）
	顺序阀，手动调节设定值

（续）

图形符号	描述
	顺序阀，带有旁通阀
	二通减压阀，直动式，外泄型
	三通减压阀（液压）
	二通减压阀，先导式，外泄型
	电磁溢流阀，先导式，电气操纵预设定压力
	可调节流量控制阀
	可调节流量控制阀，单向自由流动
	内部流向可逆调压阀（气动）
	调压阀，远程先导可调，溢流，只能向前流动（气动）

（续）

图形符号	描述
	双压阀（"与"逻辑），并且仅当两进气口有压力时才会有信号输出，较弱的信号从出口输出
	梭阀（"或"逻辑），压力高的入口自动与出口接通
	快速排气阀
	单向阀，只能在一个方向自由流动
	带有复位弹簧的单向阀，只能在一个方向流动，常闭
	带有复位弹簧的先导式单向阀，先导压力允许在两个方向自由流动
	双单向阀，先导式

附录 E　附件

图形符号	描述
	压力测量单元（压力表）
	压差计
	温度计

（续）

图形符号	描述
	液位指示器（液位计）
	过滤器
	油箱通气过滤器
	不带冷却液流道指示的冷却器
	液体冷却的冷却器
	加热器
	温度调节器
	隔膜式充气蓄能器（隔膜式蓄能器）
	活塞式充气蓄能器（活塞式蓄能器）
	气瓶
	润滑点
	手动排水流体分离器

（续）

图形符号	描述
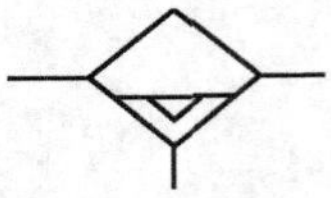	自动排水流体分离器
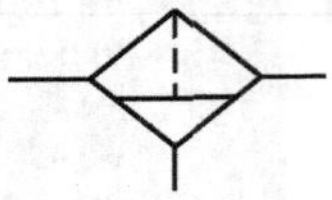	带手动排水分离器的过滤器
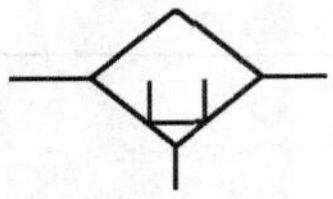	吸附式过滤器
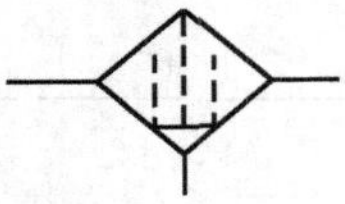	油雾分离器
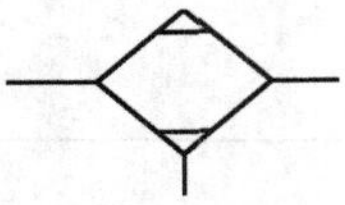	空气干燥器
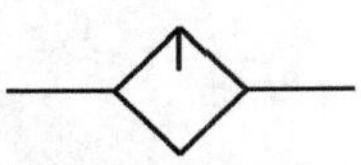	油雾器
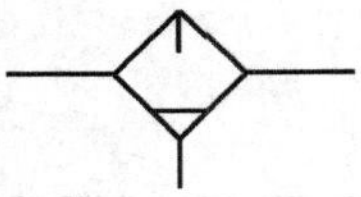	手动排水式油雾器
	气罐
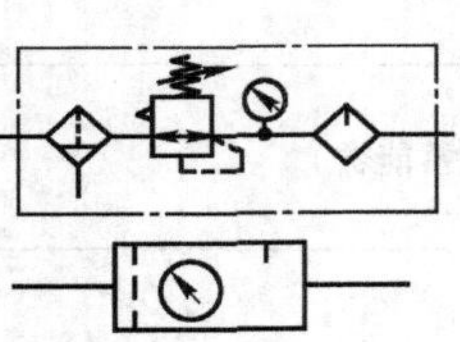	气源处理装置，包括手动排水过滤器、手动调节式溢流调压阀、压力表和油雾器 左图中，上图为详细示意图，下图为简化图

参 考 文 献

[1] 杨柳青. 液压与气动 [M]. 北京：机械工业出版社，2005.

[2] 李登万. 液压与气压传动 [M]. 南京：东南大学出版社，2004.

[3] 刘建明. 液压与气压传动 [M]. 北京：机械工业出版社，2007.

[4] 李建蓉，徐长寿. 液压与气压传动 [M]. 北京：化学工业出版社，2007.

[5] 季明善. 液气压传动 [M]. 北京：机械工业出版社，2005.

[6] 陆一心. 液压与气动技术 [M]. 北京：化学工业出版社，2004.

[7] 马振福. 液压与气压传动 [M]. 北京：机械工业出版社，2004.

[8] 杨永平. 液压与气动技术基础 [M]. 北京：化学工业出版社，2006.

[9] 赵波，王宏元. 液压与气动技术 [M]. 北京：机械工业出版社，2005.

[10] 劳动和社会保障部教材办公室. 机械基础 [M]. 3 版. 北京：中国劳动社会保障出版社，2001.

中等职业教育机电类专业规划教材

液气压传动习题册

第 2 版

戴觉强　黄丽梅　韩楚真　李超容　魏倩　编

机械工业出版社

姓名 ＿＿＿＿＿＿　班级 ＿＿＿＿＿＿　学号 ＿＿＿＿＿＿

目　录

上篇 液压传动

第一章 液压传动概述

一、选择题

1. 液压系统中，液压缸属于（ ），液压泵属于（ ）。
   A. 动力部分　　B. 执行部分　　C. 控制部分

2. 下列液压元件中，（ ）属于控制部分，（ ）属于辅助部分。
   A. 油箱　　B. 液压泵　　C. 单向阀

3. 液压系统中，将输入的液压能转换为机械能的元件是（ ）。
   A. 单向阀　　B. 液压缸　　C. 柱塞泵

4. 液压系统中，液压泵是将电动机输出的（ ）转化为油液的（ ）。
   A. 机械能　　B. 电能　　C. 压力能

5. 与机械传动、电气传动相比较，（ ）。
   A. 不易实现无级调速　　B. 系统故障维修困难
   C. 传动不够平稳

6. 在液压千斤顶中，（ ）属于液压传动系统的控制部分。
   A. 放油阀　　B. 柱塞泵　　C. 油箱

7. 油液在温度升高时，粘度一般（ ）。
   A. 变小　　B. 变大　　C. 不变

8. 为了减少管路内的摩擦损失，在使用温度、压力较低或速度较高时，应采用粘度（ ）的油液。
   A. 变小　　B. 变大　　C. 不变

9. 在选择液压油时，主要考虑的是液压油的（ ）。
   A. 温度　　B. 粘度　　C. 密度
   A. 较小　　B. 较大　　C. 任意

10. 在液压传动中，油液自重所产生的压力（ ）。
    A. 必须考虑　　B. 负载大时考虑
    C. 一般可忽略不计

11. 系统压力 $p \leq 2.5\mathrm{MPa}$，属于（ ）。
    A. 低压　　B. 中压　　C. 高压

12. 当有效作用面积不变时，作用力与压力成（ ）。
    A. 正比　　B. 反比　　C. 二次方

13. 密闭静止油液中，任意一点所受到的各个方向的压力都（ ）。
    A. 不相等　　B. 相等　　C. 不确定

14. $1\mathrm{m}^3/\mathrm{s} = $（ ）$\mathrm{L/min}$。
    A. 6×10^{-3}　　B. 6×10^{-4}　　C. 6×10^{4}

15. 液压缸工作时，活塞的运动速度（ ）液压缸内油液的平均流速。
    A. 大于　　B. 等于　　C. 小于

16. 理想液体在无分支管路中稳定流动时，流经不同截面管路时，细管路的平均流速（ ）粗管路的平均流速。
    A. 小于　　B. 等于　　C. 大于

17. 液体在无分支管路中稳定流动时，流经不同截面管路时，细管路的平均流速与其截面面积的大小成（ ）。
    A. 正比　　B. 反比　　C. 二次方

18. 液压油在流动时会产生压力损失，原因是（ ）。
    A. 存在着气泡　　B. 存在着液阻　　C. 存在着杂质

19. 当油液流过一段较长的管道时，其压力是（ ）。

A. 前大后小　　B. 各处相等　　C. 前小后大

20. 液压泵提供的压力应（ ）液压缸需要的压力和流量。

A. 小于　　B. 等于　　C. 大于

21. 在液压系统中，由于某种原因而引起液体压力在瞬间急剧上升的现象称为（ ）。

A. 液压冲击　　B. 气穴现象　　C. 泄漏现象

22. 汽车液压传动制动装置如图 1-1 所示，活塞 B 的面积为 A_1，活塞 C 的面积为 A_2，若 $A_1 > A_2$，则它们所产生的压力关系是（ ）。

A. $p_1 > p_2$　　B. $p_1 < p_2$　　C. $p_1 = p_2$

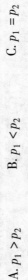
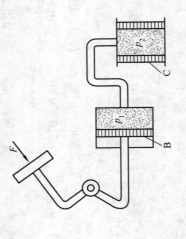

图 1-1

4. 辅助部分在液压系统中可有可无。（ ）
5. 液压元件的制造精度一般要求较高。（ ）
6. 液压传动系统易于实现过载保护。（ ）
7. 液压传动系统存在冲击，传动不平稳。（ ）
8. 在液压传动中，泄漏会引起能量损失。（ ）
9. 液压传动属于有级变速。（ ）
10. 为了减少漏损，在使用温度、压力较高或速度较低时，应采用粘度较小的油液。（ ）
11. 流量和平均流速是描述油液流动的两个主要参数。（ ）
12. 液压系统中，作用在液压缸活塞上的力越大，活塞运动速度就越快。（ ）
13. 液压缸中，活塞的运动速度与液压缸中油液的压力大小无关。（ ）
14. 油液在无分支管路中稳定流动时，管道截面积大则流量大，截面积小则流量小。（ ）
15. 液压缸中，当活塞的有效作用面积一定时，活塞的运动速度取决于流入液压缸中油液的流量。（ ）
16. 液压缸中，活塞的运动速度等于液压缸内油液的平均流速。（ ）
17. 油液流经无分支管路时，在管道的任一横截面上的油液的速度都是相等的。（ ）
18. 工程上将油液单位面积上承受的作用力称为压力。（ ）
19. 在液压传动中，液体流动的平均流速就是实际流速。（ ）

二、判断题

（ ）1. 液压传动装置实质上是一种能量转换装置。
（ ）2. 液压元件易于实现系列化、标准化、通用化。
（ ）3. 在液压传动中，油箱属于液压系统的控制部分。

（ ）20. 在液压传动中，压力的大小取决于油液流量的大小。

（ ）21. 油液静压力的作用方向总是与承压表面平行。

（ ）22. 液压千斤顶是利用帕斯卡原理进行工作的。

三、填空题

1. 液压传动的工作原理是：以____作为工作介质，通过____密封容积的变化来传递____，通过油液内部的压力来传递。

2. 液压系统除工作介质油液外，一般由____、____、____和____四个部分组成。

3. 液压系统控制部分用来控制和调节油液的____、____和____。

4. 液压传动装置实质上是一种____转换装置，它先将机械能转换为便于输送的液压能，随后又将____转换为机械能。

5. 液压系统辅助部分起____等作用，保证系统正常工作。

6. 液压系统为了简化原理图的绘制，系统中各元件用____表示。

7. 液压传动中，____。

8. 在液压传动中，一般夏季使用____的油液，冬季使用____的油液。

9. 在液压传动中，压力的大小取决于____。

10. 在液压传动中，____常用的压力分级单位为____、____和____是描述液压传动的两个主要参数。

11. 理想液体在无分支管路中作稳定流动时，通过每一截面的流量相等，这是____原理。

12. 液压传动中，由于____的存在，油液流动时会引起____，这主要表现为液体在流动过程中的____，其中____是主要的压力损失。

13. 压力损失包括____和____。

四、术语解释

1. 液压传动

2. 粘度

3. 压力和流量

4. 帕斯卡原理（静压传递原理）

5. 液流连续性原理

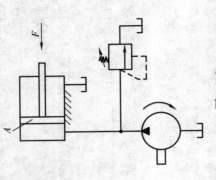

图 1-2

五、简答题

1. 液压传动系统为什么会产生压力损失？压力损失会带来哪些不良后果？怎样减小压力损失？

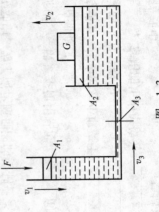

图 1-3

2. 试述液压冲击与气穴现象。

2. 已知图 1-3 所示小活塞的面积 $A_1 = 1 \times 10^{-3} \, m^2$，大活塞的面积 $A_2 = 10 \times 10^{-3} \, m^2$，管道的截面积 $A_3 = 0.2 \times 10^{-3} \, m^2$。求：
(1) 若能抬起 $G = 10 \times 10^4 \, N$ 的重物，施加在小活塞上的力 F 应为多少？(2) 当小活塞以 $v_1 = 0.015 m/s$ 的速度向下移动时，大活塞上升的速度 v_2 和管道中液体流速 v_3 各为多少？

六、计算题

1. 图 1-2 所示液压系统中，已知活塞有效作用面积 $A = 5 \times 10^{-3} \, m^2$，外力 $F = 10000N$，不计损失，若进入液压缸的流量为 $8.33 \times 10^{-4} \, m^3/s$，求：(1) 液压缸的工作压力 p；(2) 活塞的运动速度 v。

4

第二章 液压泵和液压缸

一、选择题

1. 图2-1所示图形符号表示（ ）。

图 2-1

A. 双向变量泵　　B. 单向定量泵　　C. 双向定量泵

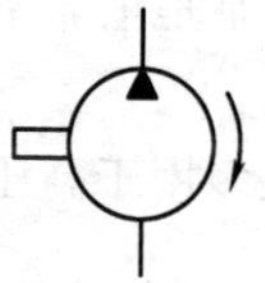

2. 单作用式叶片泵一般可作为（ ）。

A. 变量泵　　B. 高压泵　　C. 定量泵

3. 容积式液压泵能进行吸、压油的根本原因在于（ ）
的变化。

A. 不变化　　B. 由小变大　　C. 由大变小

4. 容积式液压泵的密封容积（ ）时为吸油。

A. 工作压力　　B. 电动机转速　　C. 密封容积

5. 通常情况下，齿轮泵一般多用于（ ）系统，叶片泵
多用于（ ）系统，而柱塞泵多用于（ ）系统。

A. 高压　　B. 中压　　C. 低压

6. 图2-2所示图形符号表示（ ）。

A. 双向定量泵　　B. 单向定量泵　　C. 双向变量泵

7. 双作用式叶片泵叶片旋转一周时，完成（ ）吸油和
（ ）压油。

A. 一次，两次　　B. 两次，一次　　C. 两次，两次

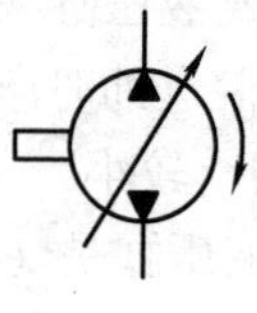

8. 对机床辅助装置（如送料、夹紧等），液压泵通常优
选（ ）。

图 2-2

A. 齿轮泵　　B. 柱塞泵　　C. 叶片泵

9. 下面液压泵只可用作定量泵的是（ ）。

A. 齿轮泵　　B. 径向柱塞泵　　C. 单作用叶片泵

10. 下面液压泵可用作变量液压泵的是（ ）。

A. 齿轮泵　　B. 单作用叶片泵　　C. 双作用叶片泵

11. 不能成为双向变量液压泵的是（ ）。

A. 双作用叶片泵　　B. 单作用叶片泵　　C. 径向柱塞泵

12. 外啮合齿轮泵的特点有（ ）。

A. 结构简单，价格低廉，工作可靠
B. 噪声小，泄漏小，主要用于高压系统
C. 对油液污染不敏感，输油量均匀

13. 液压系统及元件在正常工作条件下，按试验标准连续运
转的（ ）工作压力称为额定压力。

A. 平均　　B. 最高　　C. 最低

14. 设双作用单活塞式液压缸活塞的截面积为 A，活塞杆
的截面积为 A_1，则无活塞杆油腔的有效面积为（ ），有活塞
杆油腔的有效面积为（ ）。

A. $A - A_1$　　B. A_1　　C. A

C. 常用于实现机床的工作进给和快速退回

22. 对于速度稳定性要求较高的液压缸和大型液压缸，常在液压缸的（ ）设置专门的排气装置。

A. 最高部位　　B. 最低部位　　C. 中间

二、判断题

( )　1. 容积式液压泵是依靠密封容积的变化来实现吸油和压油的。

( )　2. 轴向柱塞泵多用于高压系统中，但结构复杂，价格较高。

( )　3. 齿轮泵的进出油口一般可以互换。

( )　4. 单作用叶片泵的输出流量是可以改变的。

( )　5. 一般情况下，齿轮泵多用于高压液压系统中。

( )　6. 液压系统中压力的大小由泵的额定工作压力决定。

( )　7. 在机械设备中，一般多采用容积式液压泵。

( )　8. 齿轮泵、叶片泵、柱塞泵与螺杆泵的工作原理截然不同。

( )　9. 泵吸油时，油箱必须与大气相通。

( )　10. 外啮合齿轮泵中，轮齿不断进入啮合的一侧的油腔是压油腔。

( )　11. 单作用叶片泵只要改变转子中心与定子中心的偏心距和偏心方向，就能改变输出流量的大小和输油方向，成为双向变量液压泵。

( )　12. 改变轴向柱塞泵转子与定子中心偏心距即可使其成为双向变量液压泵。

( )　13. 双作用单活塞式液压缸两个方向所获得的作用力是不相等的。

15. 对双作用单活塞杆式液压缸来说，若输入的流量和工作压力不变，则当无活塞杆油腔进油时产生的作用力（ ）。

A. 较大　　B. 较小　　C. 不变

16. 可进行差动连接的液压缸是（ ）液压缸。

A. 双作用单活塞杆式　　B. 单作用双活塞杆式
C. 单作用单活塞杆式

17. 图2-3所示为（ ）的图形符号。

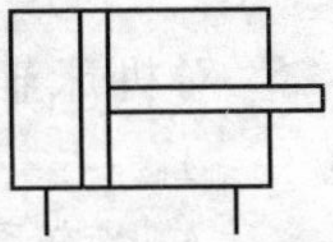

图 2-3

A. 双作用单活塞杆式液压缸
B. 单作用双活塞杆式液压缸
C. 双作用伸缩缸

18. 单作用单活塞式液压缸进出工作油口有（ ），双作用式液压缸进出工作油口有（ ）。

A. 1个　　B. 2个　　C. 3个

19. 大型液压设备一般可采用（ ）形式安装液压缸。

A. 缸体固定　　B. 活塞及活塞杆固定
C. 前两种任选其一

20. 双作用单活塞杆式液压缸实现"快进（差动连接）→工进→快退"，分别从（ ）进油（左边是无杆腔，右边是有杆腔）。

A. 左腔、左腔、右腔
B. 左右同时进油、右腔、左腔
C. 左右同时进油、左腔、右腔

21. 双作用单活塞杆式液压缸（ ）。

A. 活塞两个方向的作用力相等
B. 活塞有效作用面积为活塞杆面积的2倍时，工作台在复运动速度相等

（　）14. 双作用双活塞杆式液压缸可实现差动连接。

（　）15. 双作用单活塞杆式液压缸，活塞向有杆腔方向运动时，如果液压缸缸体固定，活塞向有杆腔方向运动。

（　）16. 双作用单活塞杆式液压缸，活塞往复运动的速度差越小，得到的推力差越大。

（　）17. 若双作用双活塞杆式液压缸的活塞杆是固定不动的，其工作台往复运动的范围约为有效行程的3倍。

（　）18. 双作用单活塞杆式液压缸两个方向所获得的推力大小不相等；工作台快速运动时，活塞向慢速运动时，得到的推力小。

（　）19. 液压系统中的油液如果混有空气将会严重地影响工作部件的平稳性。

（　）20. 液压缸密封性能的好坏对液压的工作性能没有影响。

（　）21. 密封圈密封是液压系统中应用最广泛的一种密封方法。

三、填空题

1. 液压泵和液压缸都是液压系统中的_____元件。

2. 液压泵是液压系统中的_____装置，液压泵是由电动机驱动把输入的_____转换成_____，再以压力和流量的形式输出到系统中去。

3. 液压泵是靠_____发生变化而进行工作的，所以都属于_____泵。

4. 容积式液压泵是通过_____的变化进行吸油和压油的。

5. 对容积式液压泵来讲，当密封容积增大时，就可以_____；当密封容积减小时，就可以_____。

6. 液压泵的类型很多：按其额定压力的高低可分为_____、_____和_____；按其排量能否改变而分为_____和双作用式两种，可分为_____。

7. 按工作方式分为_____，叶片泵分为_____和双作用式两种。

8. 外啮合齿轮泵，轮齿脱离啮合的一侧是_____腔，轮齿进入啮合的一侧是_____腔。

9. 液压缸功用是将输入的_____转换为_____和螺杆泵等。

10. 双作用单活塞杆式液压缸中，活塞杆，而另一端_____，所以活塞两端的有效作用面积_____。

11. 当要求工作台往复运动速度和推力相等时，可采用_____液压缸，当要求工作台往复运动速度和推力不相等时，可采用_____液压缸。

12. 活塞式液压缸的安装方式有两种：_____固定和_____固定。

13. 为避免活塞在行程两端与缸盖发生机械碰撞，常在大型、高速或高精度液压设备中设置_____。

14. 液压系统混入_____后会使其工作不稳定，产生振动和噪声影响设备工作精度，以至损坏零件，高速或高精度液压设备中设置和噪声，爬行和起动时突然前冲等现象，严重时会使液压系统不能正常工作。

正常工作。

15. 对于要求不高的液压缸，往往不设专门的排气装置，而是将将缸的_____设置在缸筒两端的_____，这样可利用液流将缸内的空气带回油箱，再从油箱中逸出。

四、术语解释

1. 液压泵的流量

2. 液压泵的效率

3. 差动连接

五、简答题

1. 液压泵要实现吸油、压油的工作过程必须具备哪些条件？试用外啮合齿轮泵工作原理进行说明。

2. 外啮合齿轮泵是定量装置，而其吸、压油口一般情况下是否可以互换？为什么？

3. 双作用叶片泵和单作用叶片泵在结构和工作原理上有何不同？

六、计算题

1. 某定量液压泵的输出压力 $p_泵 = 2.5\text{MPa}$，泵的额定流量 $q_泵 = 4.17 \times 10^{-4} \text{ m}^3/\text{s}$（$25\text{L}/\text{min}$），总效率 $\eta_总 = 0.8$。试问驱动该液压泵的电动机所需的功率为多少？

8

2. 有一缸体固定的双作用双活塞杆式液压缸，活塞面积 $A_1 = 0.005\text{m}^2$，活塞杆面积 $A_2 = 0.001\text{m}^2$，设进入液压缸油液的流量 $q = 4.17 \times 10^{-4}\text{m}^3/\text{s}$，工作压力 $p = 2.5 \times 10^6\text{Pa}$，试计算活塞往复运动的速度 v 和推力 F。

3. 图 2-4 所示为双作用单杆缸，已知活塞的面积 $A_1 = 0.005\text{m}^2$，活塞杆面积 $A_2 = 0.001\text{m}^2$，液压缸的进油量 $q = 4.17 \times 10^{-4}\text{m}^3/\text{s}$，油液的工作压力 $p = 2.5 \times 10^6\text{Pa}$，试计算下列情况时活塞的推力 F 和速度 v，并确定活塞的运动方向。

(1) 左腔进油，右腔回油。

(2) 右腔进油，左腔回油。

(3) 左右腔同时进油。

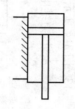

图 2-4

七、表格填空

名称	一般适用压力	是否可变量变向	如何变量变向
齿轮泵（外啮合）			
单作用叶片泵			
双作用叶片泵			
轴向柱塞泵			
径向柱塞泵			

第三章 液压控制阀和液压系统辅助装置

一、选择题

1. （　）属于方向控制阀。
A. 换向阀　　　　B. 溢流阀　　　　C. 顺序阀

2. 溢流阀属于（　）控制阀。
A. 方向　　　　B. 压力　　　　C. 流量

3. 当二位四通电磁换向阀当两端的电磁铁断电时，阀芯处于（　）位置。
A. 左端　　　　B. 右端　　　　C. 中间

4. 实现差动连接的中位机能是（　）。
A. H 型　　　　B. Y 型　　　　C. P 型

5. 三位四通换向阀处于中间位置时，能使液压泵卸荷的中位机能是（　）。
A. O 型　　　　B. M 型　　　　C. Y 型

6. 图 3-1 所示为普通单向阀的图形符号，压力油是从油口 P_1 （　）。

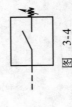

图 3-1

A. 流入　　　　B. 流出　　　　C. 流入或流出

7. 图 3-2 所示为（　）换向阀的图形符号。

图 3-2

A. 二位四通手动　　B. 二位三通电磁　　C. 二位三通

机动

8. 换向阀中，与液压系统油路相连通的油口称（　）。
A. 通　　　　B. 位　　　　C. 路

9. 在（　）液压系统中，常采用直动式溢流阀。
A. 低压、小流量　　B. 高压、大流量
C. 高压、小流量

10. 当液压系统中某一分支油路压力要求低于主油路压力时，应在该油路中安装（　）。
A. 溢流阀　　　　B. 顺序阀　　　　C. 减压阀

11. 在液压系统中，（　）出油口与油箱相连。
A. 溢流阀　　　　B. 顺序阀　　　　C. 减压阀

12. 图 3-3 所示为（　）的图形符号。

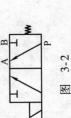

图 3-3

A. 溢流阀　　　　B. 顺序阀　　　　C. 减压阀

13. 图 3-4 所示为（　）的图形符号。

图 3-4

A. 压力继电器　　B. 溢流阀　　　　C. 单向阀

14. 溢流阀（　）。
A. 常态下阀口是常开的　　B. 进、出油口均有压力
C. 一般并联在液压泵出口油路中

15. 溢流阀控制的是（　）的压力。
A. 出油口　　　　B 进油口　　　　C. 任意处

16. 减压阀控制的是（　）的压力。

A. 出油口　　　　B. 进油口　　　　C. 任意处

17. 溢流阀并联在变量泵出口处时作（ ）用。
A. 调压阀　　　　B. 安全阀　　　　C. 卸荷阀

18. 图3-5所示液压系统中，溢流阀起（ ）作用。
A. 远程调压　　　B. 过载保护　　　C. 溢流稳压

19. 调速阀是由（ ）与（ ）串联组合而成的阀。
A. 减压阀　　　　B. 顺序阀　　　　C. 节流阀

20. 用（ ）进行调速时，会使执行元件的运动速度随负载的变化而波动。
A. 单向阀　　　　B. 节流阀　　　　C. 调速阀

21. 图3-6所示节流阀节流口的形式是（ ）。
A. 周向缝隙式　　B. 偏心式　　　　C. 针阀式

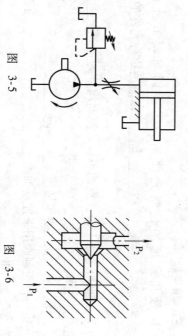

图3-5　　　　　　图3-6

22. 当阀口打开后，油路压力可继续升高的压力控制阀是（ ）。
A. 直动式溢流阀　B. 顺序阀　　　　C. 先导式溢流阀

23. 流量控制阀用来控制液压系统工作的流量，从而控制执行元件的（ ）。
A. 运动速度　　　B. 运动方向　　　C. 压力大小

图3-7

24. 图3-7所示为（ ）的图形符号。
A. 节流阀　　　　B. 调速阀　　　　C. 单向阀

25. 在通常情况下，泵的输出管道上与重要元件之前应装（ ），泵的吸油口一般应装有（ ）。
A. 单向阀　　　　B. 精过滤器　　　C. 粗过滤器

26. 图3-8所示为（ ）的图形符号。
A. 蓄能器　　　　B. 油管　　　　　C. 过滤器

27. 图3-9，P₁→P₂经过（ ）油路线。
A. 1→3→5　　　　B. 2→3→4　　　　C. 1→3→2

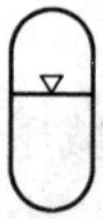

图3-8

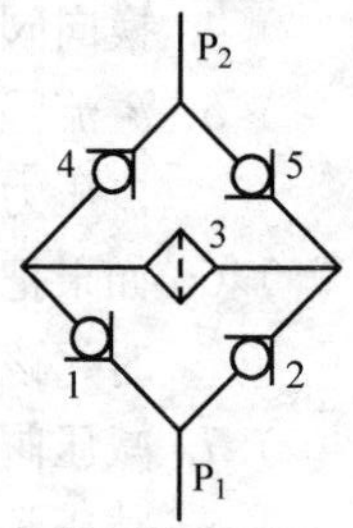

28. 蓄能器是一种（ ）的液压元件。
A. 存储油液　　　B. 过滤油液　　　C. 存储压力油

29. （ ）不是油箱的作用。
A. 散热　　　　　B. 分离油中杂质　C. 存储压力油

图3-9

30. 强度大、耐高温、抗腐蚀性强、过滤精度高的精过滤器是（ ）。

A. 网式过滤器 B. 线隙式过滤器

C. 烧结式过滤器

31.（ ）是过滤器的图形符号。

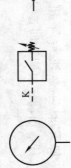

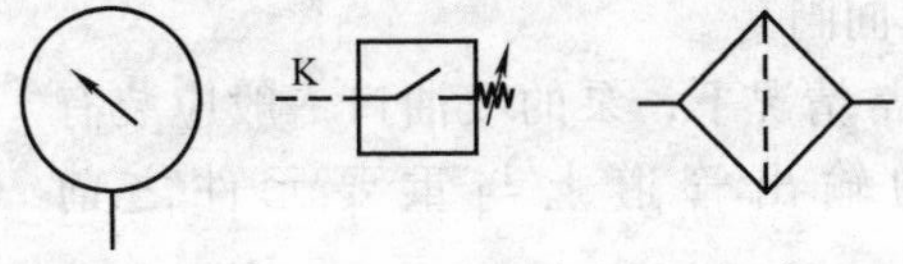

A. B. C.

二、判断题

（ ）1. 控制阀是液压系统中不可缺少的重要元件。

（ ）2. 普通单向阀的作用是控制油液流动方向，接通或关闭油路。

（ ）3. 液控单向阀可使油液正方向流动。

（ ）4. 换向阀的工作位置数称为"通"。

（ ）5. 溢流阀通常接在液压泵出口处的油路上，它的进口压力即系统压力。

（ ）6. 如果把溢流阀当做安全阀使用，则系统正常工作时，该阀处于常闭状态。

（ ）7. 减压阀中的减压缝隙越小，其减压作用越弱。

（ ）8. 减压阀与溢流阀一样，出油口压力等于零。

（ ）9. 顺序阀打开后，其进油口油液压力可允许持续升高。

（ ）10. 减压阀的出油口压力低于进油口压力。

（ ）11. 调速阀适用于速度稳定性要求高的场合。

（ ）12. 节流阀是通过改变节流油口的通流面积来调节油液流量大小的。

（ ）13. 图3-10所示为调速阀的图形符号。

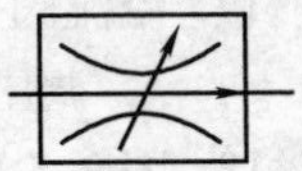

图 3-10

（ ）14. 使用可调节流阀进行调速时，执行元件的运动速度不受负载变化的影响。

（ ）15. 非工作状态下，减压阀常开，溢流阀常闭。

（ ）16. 某液压系统中，若油液的额定工作压力为2.5MPa，则液压泵的额定压力必须大于2.5MPa。

（ ）17. 在液压系统中，粗过滤器一般安装在液压泵的输油管路上。

（ ）18. 在液压系统中，液压辅助元件是必不可少的。

三、填空题

1. 液压系统的控制元件是为了控制与调节液流的_____、_____和_____，以满足执行元件的各种要求。

2. 根据用途和工作特点的不同，控制阀分为_____、_____和_____三大类。

3. 流量控制阀主要包括_____、_____、_____和_____等。

4. 方向控制阀用来控制油液_____，按用途分为_____等。

5. 普通单向阀的作用是使液体_____流动，而_____方向流动；一般由_____、_____等零件构成。

6. 换向阀通过改变阀芯和阀体的_____，来变换液流流动的方向，从而控制_____的_____、_____或_____油路，_____的换向、起动或停止。

12

7. 换向阀按控制阀芯移动的方式不同，分为＿＿＿、＿＿＿。

8. 压力控制阀用来控制其他液压元件的动作，或利用系统压力控制阀分为＿＿＿、＿＿＿和＿＿＿等。按用途不同，压力控制其他液压元件的动作。

9. 压力控制阀的工作原理是利用阀芯上的＿＿＿与＿＿＿弹簧力，保持液压系统中的＿＿＿。

10. 溢流阀在液压系统中的作用主要有：一是起＿＿＿作用，防止＿＿＿；二是起＿＿＿作用。溢流阀可分为＿＿＿和＿＿＿两种。

11. 根据结构和工作原理的不同，溢流阀有＿＿＿和＿＿＿。

12. 减压阀在液压系统中的作用主要是利用液压系统中的某一支路油路的压力，使同一系统有两个或多个＿＿＿，以满足执行机构的需要。

13. 顺序阀在液压系统中的作用是利用液压系统中的某一支路油路的压力，从而实现某些液压元件按一定的＿＿＿动作。

14. 压力继电器是一种将＿＿＿信号转变为＿＿＿信号的信号转换元件。

15. 流量控制阀通过改变节流口＿＿＿来控制液压系统中液体的＿＿＿。

16. 阀体与管路的连接形式常用的有＿＿＿、＿＿＿和＿＿＿的＿＿＿。

17. 流量阀是通过改变节流口＿＿＿，从而控制执行元件＿＿＿的控制阀。

18. 节流口节流口的形式主要有＿＿＿、＿＿＿、＿＿＿及＿＿＿等。

19. 液压辅助元件是液压系统的＿＿＿，常用的液压辅助元件有＿＿＿、＿＿＿、＿＿＿和＿＿＿等。

20. 常用的过滤器按过滤精度不同可分为＿＿＿、＿＿＿、＿＿＿和＿＿＿四个等级。

21. 油箱除了用来储油以外，还起到＿＿＿和分离油液中＿＿＿等多种作用。

22. 过滤器的作用是＿＿＿。

23. 蓄能器是液压系统的＿＿＿。

24. 压力表是用来＿＿＿系统中压力情况的仪表。

四、术语解释

1. 三位四通阀机能

2. 换向阀的"位"

3. 换向阀的"通"

五、简答题

1. 普通单向阀与液控单向阀在作用上有何不同?

2. 先导式溢流阀与先导式减压阀有何不同?

3. 滤芯材料和结构形式不同, 常用的过滤器有哪几种类型? 它们的效果怎样? 一般用在什么场合?

4. 分别在图 3-11a～d 所示液压泵与液压缸之间加上一个适当的换向阀, 以满足下列要求。

(1) 图 3-11a 要求活塞能左、右移动, 必要时能使活塞在任意位置上停止, 并防止其窜动, 此时要使泵卸荷。

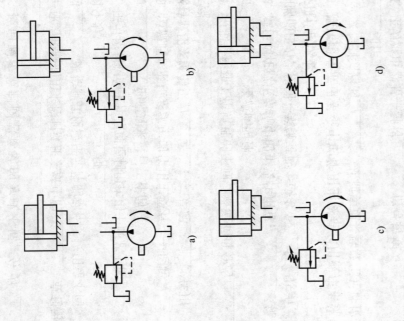

图 3-11

(2) 图 3-11b 要求活塞能左、右移动, 必要时能使活塞处于浮动状态, 泵处于卸荷状态。

(3) 图 3-11c 要求活塞能左、右移动, 必要时能使活塞在任意位置上停止, 此时系统仍保持压力。

(4) 图 3-11d 要求活塞能左、右移动, 必要时能组成差动回路。

5. 简述图 3-12 中液压缸 A 及液压缸 B 实现顺序动作的过程。

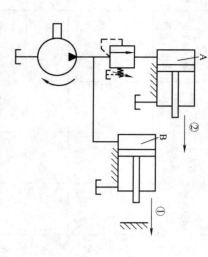

图 3-12

6. 如果铭牌标记已不清楚，应如何根据结构特点将先导式溢流阀与先导式减压阀加以区别？

7. 在图 3-13 中，可调节流阀进口处的压力为 p_1，出口处的压力为 p_2，试问 p_1 和 p_2 哪个大？为什么？

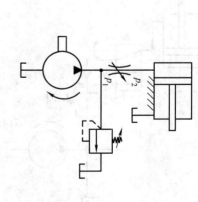

图 3-13

8. 图 3-14 所示的夹紧回路中，已知溢流阀的调整压力 $p_y = 2 \times 10^6 \text{Pa}$，减压阀的调整压力 $p_j = 1.5 \times 10^6 \text{Pa}$，试分析：

（1）夹紧缸在未夹紧工件前活塞快速进给时，A、B 两点的压力各为多少？减压阀的阀芯处于什么状态？

（2）夹紧缸使工件夹紧后，A、B 两点的压力各为多少？减压阀的阀芯又处于什么状态？

六、表格填空

名称	图形符号	控制油液来自	有无单独泄漏油口	打开后，进出油口压力可否继续升高	常态下，进出口启闭情况
直动式溢流阀					
先导式溢流阀					
减压阀					
直动式顺序阀					
液控式顺序阀					

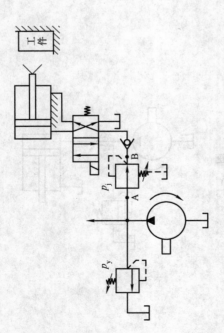

图 3-14

9. 试画出普通单向阀、液控单向阀、二位四通 Y 型手动换向阀、二位二通电磁换向阀、二位三通机动换向阀、二位四通电磁换向阀、三位五通液动换向阀、先导式减压阀、直动顺序阀、压力继电器、节流阀和调速阀的图形符号。

16

第四章 液压系统基本回路

一、选择题

1. 为了使执行元件能在任意位置上停留，以及在停止工作时，防止其在受力的情况下发生位移，可以采用（ ）回路。
   - A. 调压　　B. 增压　　C. 锁紧

2. 调压回路所采用的主要液压元件是（ ）。
   - A. 减压阀　　B. 节流阀　　C. 溢流阀

3. 以下属于方向控制回路的是（ ）回路。
   - A. 卸荷　　B. 换向　　C. 节流调速

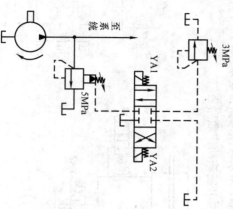

图 4-1

4. 图 4-1 多级调压回路中（外负载趋于无穷大），当 YA1 通电、YA2 断电时，系统压力为（ ）。
   - A. 5MPa　　B. 3MPa　　C. 0

5. 卸荷回路（ ）。
   - A. 可使系统的压力近似为零
   - B. 不能利用换向阀来实现
   - C. 可使系统获得较高的稳定压力

6. 速度控制回路一般是通过改变进入执行元件的（ ）来实现的。
   - A. 压力　　B. 流量　　C. 功率

7. 减压回路主要采用的液压元件是（ ）。
   - A. 节流阀　　B. 单向阀　　C. 减压阀

8. 适用于大功率场合的回路是（ ）。
   - A. 进油节流调速回路
   - B. 回油节流调速回路
   - C. 容积调速回路

9. 节流调速回路主要采用的液压元件是（ ）。
   - A. 进油节流调速回路　　B. 活塞运动速度稳定性差　　C. 换向

10. 进油节流调速回路（ ）。
    - A. 回路中有背压　　B. 节流阀　　C. 溢流阀

11. 利用压力控制阀来调节系统或系统某一部分压力的回路，称为（ ）回路。
    - A. 顺序阀　　B. 速度控制　　C. 换向

二、判断题

（ ）1. 采用液控单向阀的锁紧回路，一般锁紧效果较好。

（ ）2. 换向回路、卸荷回路等都属于速度控制回路。

（ ）3. 当液压系统中的执行元件停止工作时，一般应使液压泵卸荷。

（ ）4. 执行元件要求在一个行程的不同阶段具有不同的

（ ）运动速度时须采用换速回路。

（ ）5. 容积调速回路效率高，适用于大功率较大的液压系统中。

（ ）6. 一个复杂的液压系统由液压泵、液压缸和各种控制阀等基本回路组成。

三、填空题

1. 液压系统基本回路是由有关＿＿＿＿完成某种＿＿＿＿的典型油路结构。

2. 常用的液压系统基本回路，按其功能可分为＿＿＿＿、＿＿＿＿、＿＿＿＿和＿＿＿＿四大类。

3. 压力控制回路是利用压力控制阀来实现系统＿＿＿＿、＿＿＿＿和＿＿＿＿等功能。

4. 卸荷回路的功用是：当液压系统中的执行元件＿＿＿＿时，卸荷回路可以使液压泵输出的油液以最小的压力直接流回油箱，以减少＿＿＿＿、磨损及系统发热，从而延长液压泵的＿＿＿＿。

5. 用来控制执行元件运动速度的回路称为＿＿＿＿速度控制回路一般分为＿＿＿＿和＿＿＿＿两类。

6. 在液压基本回路中，将节流阀＿＿＿＿在液压泵与液压缸之间，构成进油节流阀调速回路。

四、术语解释

1. 压力控制回路

2. 方向控制回路

3. 速度控制回路

4. 液压系统基本回路

五、读图分析题

1. 分析图4-2所示液压回路，要求：（1）写出元件1～6的名称；（2）填写电磁铁动作顺序表。

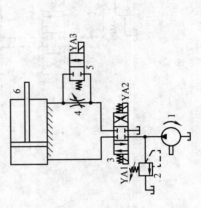

图 4-2

原位停止
快进
工进
快退

元件1 ＿＿＿＿＿＿＿
元件2 ＿＿＿＿＿＿＿
元件3 ＿＿＿＿＿＿＿
元件4 ＿＿＿＿＿＿＿
元件5 ＿＿＿＿＿＿＿
元件6 ＿＿＿＿＿＿＿

2. 分析图4-3所示液压回路，要求：(1) 写出元件1~6的名称；(2) 指出图示位置时泵和缸各自所处的状态；(3) 填写电磁铁动作顺序表。

电磁铁 动作	YA1	YA2	YA3
快进			
工进			
快退			
缸原位停止			

电磁铁 动作	YA1	YA2	YA3
快进			
工进			
快退			
缸原位停止 及泵卸荷			

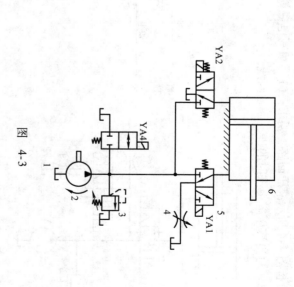

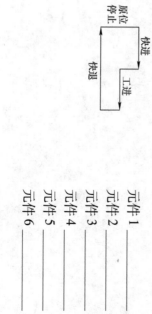

图 4-3

元件1 _____
元件2 _____
元件3 _____
元件4 _____
元件5 _____
元件6 _____

3. 分析图 4-4 所示液压回路，要求：(1) 填写电磁铁动作顺序表；(2) 写出液压缸中进时的进、回油路线。

动作 \ 电磁铁	YA1	YA2	YA3	YA4
快进				
中进				
慢进				
快退				
缸原位停止				

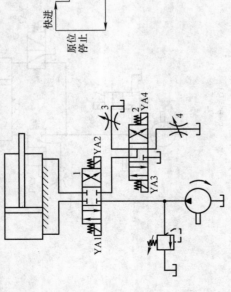

图 4-4

4. 图 4-5 所示液压系统可实现快进→工进→快退→原位停止的工作循环，要求：

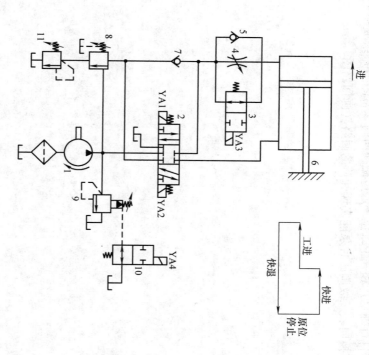

图 4-5

（1）填写电磁铁动作顺序表

动作 电磁铁	YA1	YA2	YA3	YA4
快进				
工进				
快退				
缸原位停止及泵卸荷				

（2）分别写出图中 1～11 元件的名称。

元件 1 —— 元件 7 ——

元件 2 —— 元件 8 ——

元件 3 —— 元件 9 ——

元件 4 —— 元件 10 ——

元件 5 —— 元件 11 ——

元件 6 ——

（3）写出快进时液压缸的进、回油路线，并说明它是如何实现快进的？

5. 试用一个单向定量泵、一个单杆活塞缸、一个先导式溢流阀、两个直动式溢流阀、两个三位四通电磁换向阀（中位机能型号自行确定）和一个二位二通电磁换向阀（常闭型）组成一个具有换向、三级调压且泵能实现卸荷的回路（画回路图）。

（4）系统如何卸荷？

（5）分别说明元件5、8、10、11在该系统中所起的作用。

22

第五章 典型液压传动系统分析及液压设备常见故障排除

一、简答题

1. 组合机床动力滑台液压系统由哪些基本回路组成？它是如何实现差动连接的？采用行程阀进行快慢速切换有何特点？

2. 液压系统有哪些常见的故障？造成故障的主要原因有哪些？

二、读图分析题

1. 分析并指出图 5-1 中各图压力表的读数。

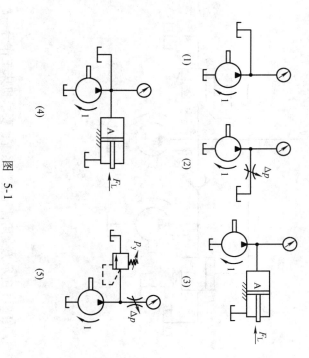

图 5-1

2. 在图 5-2 所示的双泵供油回路中，阀 1 的调压为 p_1调，阀 2 的调压为 p_2调，而且 p_1调 $< p_2$调，问：

当 $p_0 < p_1$调时，$q =$ _____；

当 p_1调 $< p_0 < p_2$调时，$q =$ _____；

当 $p_0 = p_2$调时，$q =$ _____。

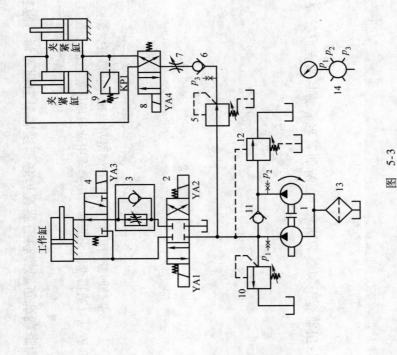

图 5-2

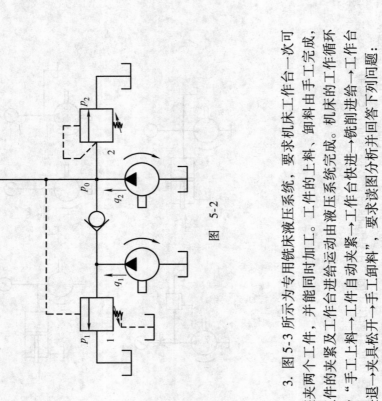

图 5-3

3. 图 5-3 所示为专用铣床液压系统,要求机床工作台一次可装夹两个工件,并能同时加工。工件的上料,卸料由手工完成,工件的夹紧及工作台进给运动由液压系统完成。机床的工作循环为"手工上料→工件自动夹紧→工作台快进→铣削进给→工作台快退→夹具松开→手工卸料",要求读图分析并回答下列问题:

(1) 系统由哪些基本回路组成？

(2) 哪些工况由双泵供油？哪些工况由单泵供油？

(3) 分别说明元件 6、7、9、11、12 在该系统中的作用。

(4) 填写电磁铁和压力继电器动作顺序表。

动作顺序 \ 电磁铁及压力继电器	YA1	YA2	YA3	YA4	KP1
手工上料					
工件自动夹紧					
工作台快进					
铣削进给					
工作台快退					
夹具松开					
手工卸料					

下篇 气压传动

一、选择题

1. 气压传动系统是以（ ）为工作介质的系统。
   A. 压缩空气　　B. 生活空气　　C. 油液

2. 空气压缩机是气压传动系统的（ ）。
   A. 执行元件　　B. 控制元件　　C. 气源装置

3. 油雾器是气压传动系统的（ ）。
   A. 气源装置　　B. 辅助元件　　C. 控制元件

4. 气压传动中，由于空气的粘度小，因此（ ）远距离输送。
   A. 不能　　B. 便于　　C. 只能

5. 与液压传动相比，气压传动速度反应（ ）。
   A. 较慢　　B. 较快　　C. 一样

6. 气压传动是利用空气压缩机使空气介质产生（ ）。
   A. 压力能　　B. 机械能　　C. 势能

7. 消声器应安装在气动装置的（ ）。
   A. 排气口　　B. 进气口　　C. 排气口和进气口

8. 图形符号 —◯— 表示（ ）。
   A. 消声器　　B. 储气罐　　C. 油雾器

9. 气源三联件（气动三大件）的安装顺序是：减压阀通常安装在（ ）之后。
   A. 过滤器　　B. 油雾器　　C. 溢流阀

10. （ ）是气压传动的心脏部分。
    A. 空气压缩机　　B. 气缸　　C. 溢流阀

11. 为了控制执行元件的起动、停止、换向，通过方向控制元件改变气缸的进气和出气，可以采用（ ）回路。
    A. 换向　　B. 压力控制　　C. 速度控制

12. 方向控制回路所采用的主要气压元件是（ ）。
    A. 节流阀　　B. 减压阀　　C. 方向控制阀

13. 节流调速回路所采用的主要气压元件是（ ）。
    A. 顺序阀　　B. 节流阀　　C. 溢流阀

14. 利用压力控制阀来调节系统或系统某一部分的压力的回路，称为（ ）回路。
    A. 压力控制　　B. 速度控制　　C. 换向

二、判断题

（ 　）1. 气压传动一般噪声较小。

（ 　）2. 气压传动有过载保护作用。

（ 　）3. 在机械设备中不采用气压传动。

（ 　）4. 气压传动不需要设润滑辅助元件。

（ 　）5. 气压传动不存在泄漏问题。

（ 　）6. 排气节流阀通常安装在气源装置的进气口处。

（ 　）7. 气压传动中所使用的执行元件气缸常用于实现往复直线运动。

（ 　）8. 排气节流阀只能降低排气噪声，不能调节执行元件的运动速度。

（ 　）9. 压力控制回路的作用是控制、调节系统（或某一分支）的压力，使系统（或某一分支）保持在某一规定的压力范围内工作。

（ 　）10. 气压传动的速度控制回路所传递的功率不大，一般采用节流调速。

26

（　）11. 换向回路、高低压换向回路等都属于速度控制回路。

（　）12. 一个复杂的气压传动系统是由压力控制回路、速度控制回路、方向控制回路等基本回路组成的。

（　）13. 换向回路中气缸速度控制回路的一种主要形式，它的作用是通过方向控制元件改变气缸的进气和出气。

（　）14. 气压传动中气缸节流调速在平稳上的控制比液压传动中的困难。

三、填空题

1. 气压传动是以_____为工作介质来进行_____传递的一种传动形式。

2. 气压传动系统是由_____、_____、_____和_____四大部分组成。

3. 空气压缩机是将电动机输出的_____能转换成气体的_____能的能量转换装置。

4. 气动辅助元件是使空气压缩机产生的压缩空气，得以_____等处理，供给控制元件及执行元件_____。

5. 冲击气缸工作过程分为_____、_____和_____三个阶段。

6. 气动控制元件，保证气压传动系统正常工作，作用为_____、_____和_____控制阀三大类。

7. 或门型梭阀相当于_____控制阀和_____的组合。

8. 排气节流阀不仅能调节执行元件的运动速度，且还

9. 气动基本回路按功能可分为_____回路、_____回路、_____和_____回路等。

10. 一般来说，进气节流调速用于_____的气缸支承腔的供气回路。

四、简答题

1. 气源为什么要净化？气源净化元件有哪些？它们各起什么作用？

2. 图6-1中，元件1、2、3各表示什么气动元件？这三个元件做成一体，又称作什么？

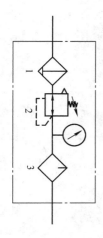

图 6-1

27

五、读图分析题

1. 图 6-2 所示为手动和自动并用回路，此回路的主要用途是当停电或电磁换向阀发生故障时，气压传动系统也可进行工作，试简述其工作原理。

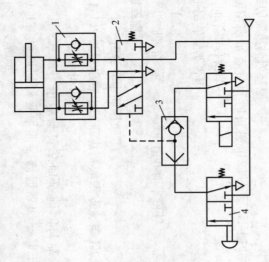

图 6-2

1—单向节流阀 2—气控换向阀 3—梭阀 4—手动阀

3. 简述减压阀的使用要点。

4. 快速排气阀有什么用途？它一般安装在什么位置？

5. 气动系统中常用的压力控制回路有哪些？

2. 图 6-3 所示为两台冲击气缸的铆接回路，试分析其动作原理，并说明三个手动阀的作用。

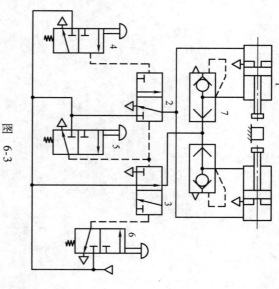

图 6-3

1—冲击气缸 2、3—换向阀 4、5、6—手动阀 7—快排阀